住房和城乡建设部标准定额研究所　　　　建设工程造价技术资料

通用安装工程消耗量

TY 02-31-2021

第五册　建筑智能化工程

TONGYONG ANZHUANG GONGCHENG XIAOHAOLIANG

DI-WU CE JIANZHU ZHINENGHUA GONGCHENG

中国计划出版社

北　京

图书在版编目(CIP)数据

　　通用安装工程消耗量 ：TY02-31-2021. 第五册，建
筑智能化工程 / 住房和城乡建设部标准定额研究所组织
编制. -- 北京 ：中国计划出版社，2022.2
　　ISBN 978-7-5182-1403-7

　　Ⅰ. ①通… Ⅱ. ①住… Ⅲ. ①建筑安装－消耗定额－
中国②智能化建筑－设备安装－消耗定额－中国 Ⅳ.
①TU723.3

　　中国版本图书馆CIP数据核字(2022)第002831号

责任编辑:刘　涛　　　　封面设计:韩可斌
责任校对:杨奇志　谭佳艺　责任印制:赵文斌　李　晨

中国计划出版社出版发行
网址:www.jhpress.com
地址:北京市西城区木樨地北里甲 11 号国宏大厦 C 座 3 层
邮政编码:100038　电话:(010)63906433(发行部)
北京市科星印刷有限责任公司印刷

880mm×1230mm　1/16　12.25 印张　356 千字
2022 年 2 月第 1 版　2022 年 2 月第 1 次印刷

定价:85.00 元

前　言

　　工程造价是工程建设管理的重要内容。以人工、材料、机械消耗量分析为基础进行工程计价，是确定和控制工程造价的重要手段之一，也是基于成本的通用计价方法。长期以来，我国建立了以施工阶段为重点，涵盖房屋建筑、市政工程、轨道交通工程等各个专业的计价体系，为确定和控制工程造价、提高我国工程建设的投资效益发挥了重要作用。

　　随着我国工程建设技术的发展，新的工程技术、工艺、材料和设备不断涌现和应用，落后的工艺、材料、设备和施工组织方式不断被淘汰，工程建设中的人材机消耗量也随之发生变化。2020 年我部办公厅发布《工程造价改革工作方案》(建办标〔2020〕38 号)，要求加快转变政府职能，优化概算定额、估算指标编制发布和动态管理，取消最高投标限价按定额计价的规定，逐步停止发布预算定额。为做好改革期间的过渡衔接，在住房和城乡建设部标准定额司的指导下，我所根据工程造价改革的精神，协调 2015 年版《房屋建筑与装饰工程消耗量定额》《市政工程消耗量定额》《通用安装工程消耗量定额》的部分主编单位、参编单位以及全国有关造价管理机构和专家，按照简明适用、动态调整的原则，对上述专业的消耗量定额进行了修订，形成了新的《房屋建筑与装饰工程消耗量》《市政工程消耗量》《通用安装工程消耗量》，由我所以技术资料形式印刷出版，供社会参考使用。

　　本次经过修订的各专业消耗量，是完成一定计量单位的分部分项工程人工、材料和机械用量，是一段时间内工程建设生产效率社会平均水平的反映。因每个工程项目情况不同，其设计方案、施工队伍、实际的市场信息、招投标竞争程度等内外条件各不相同，工程造价应当在本地区、企业实际人材机消耗量和市场价格的基础上，结合竞争规则、竞争激烈程度等参考选用与合理调整，不应机械地套用。使用本书消耗量造成的任何造价偏差由当事人自行负责。

　　本次修订中，各主编单位、参编单位、编制人员和审查人员付出了大量心血，在此一并表示感谢。由于水平所限，本书难免有所疏漏，执行中遇到的问题和反馈意见请及时联系主编单位。

住房和城乡建设部标准定额研究所

2021 年 11 月

总 说 明

一、《通用安装工程消耗量》共分十二册,包括:

第一册　机械设备安装工程

第二册　热力设备安装工程

第三册　静置设备与工艺金属结构制作安装工程

第四册　电气设备与线缆安装工程

第五册　建筑智能化工程

第六册　自动化控制仪表安装工程

第七册　通风空调安装工程

第八册　工业管道安装工程

第九册　消防安装工程

第十册　给排水、采暖、燃气安装工程

第十一册　信息通信设备与线缆安装工程

第十二册　防腐蚀、绝热工程

二、本消耗量适用于工业与民用新建、扩建工程项目中的通用安装工程。

三、本消耗量在《通用安装工程消耗量定额》TY 02-31-2015 基础上,以国家和有关行业发布的现行设计规程或规范、施工及验收规范、技术操作规程、质量评定标准、产品标准和安全操作规程、绿色建造规定、通用施工组织与施工技术等为依据编制。同时参考了有关省市、部委、行业、企业定额,以及典型工程设计、施工和其他资料。

四、本消耗量按照正常施工组织和施工条件,国内大多数施工企业采用的施工方法、机械装备水平、合理的劳动组织及工期进行编制。

1. 设备、材料、成品、半成品、构配件完整无损,符合质量标准和设计要求,附有合格证书和检验、试验合格记录。

2. 安装工程和土建工程之间的交叉作业合理、正常。

3. 正常的气候、地理条件和施工环境。

4. 安装地点、建筑物实体、设备基础、预留孔洞、预留埋件等均符合安装设计要求。

五、关于人工:

1. 本消耗量人工以合计工日表示,分别列出普工、一般技工和高级技工的工日消耗量。

2. 人工消耗量包括基本用工、辅助用工和人工幅度差。

3. 人工每工日按照 8 小时工作制计算。

六、关于材料:

1. 本消耗量材料泛指原材料、成品、半成品,包括施工中主要材料、辅助材料、周转材料和其他材料。本消耗量中以"(×××)"表示的材料为主要材料。

2. 材料用量:

（1）本消耗量中材料用量包括净用量和损耗量。

（2）材料损耗量包括从工地仓库运至安装堆放地点或现场加工地点运至安装地点的搬运损耗、安装操作损耗、安装地点堆放损耗。

（3）材料损耗量不包括场外的运输损失、仓库(含露天堆场)地点或现场加工地点保管损耗、由于材料规格和质量不符合要求而报废的数量;不包括规范、设计文件规定的预留量、搭接量、冗余量。

3. 本消耗量中列出的周转性材料用量是按照不同施工方法、考虑不同工程项目类别、选取不同材料规格综合计算出的摊销量。

4.对于用量少、低值易耗的零星材料,列为其他材料。按照消耗性材料费用比例计算。

七、关于机械:

1.本消耗量施工机械是按照常用机械、合理配备考虑,同时结合施工企业的机械化能力与水平等情况综合确定。

2.本消耗量中的施工机械台班消耗量是按照机械正常施工效率并考虑机械施工适当幅度差综合取定。

3.原单位价值在 2 000 元以内、使用年限在一年以内不构成固定资产的施工机械,不列入机械台班消耗量,其消耗的燃料动力等综合在其他材料费中。

八、关于仪器仪表:

1.本消耗量仪器仪表是按照正常施工组织、施工技术水平考虑,同时结合市场实际情况综合确定。

2.本消耗量中的仪器仪表台班消耗量是按照仪器仪表正常使用率,并考虑必要的检验检测及适当幅度差综合取定。

3.原单位价值在 2 000 元以内、使用年限在一年以内不构成固定资产的仪器仪表,不列入仪器仪表台班消耗量,其消耗的燃料动力等综合在其他材料费中。

九、关于水平运输和垂直运输:

1.水平运输:

(1)水平运输距离是指自现场仓库或指定堆放地点运至安装地点或垂直运输点的距离。本消耗量设备水平运距按照 200m、材料(含成品、半成品)水平运距按照 300m 综合取定,执行消耗量时不做调整。

(2)消耗量未考虑场外运输和场内二次搬运。工程实际发生时应根据有关规定另行计算。

2.垂直运输:

(1)垂直运输基准面为室外地坪。

(2)本消耗量垂直运输按照建筑物层数 6 层以下、建筑高度 20m 以下、地下深度 10m 以内考虑,工程实际超过时,通过计算建筑物超高(深)增加费处理。

十、关于安装操作高度:

1.安装操作基准面一般是指室外地坪或室内各层楼地面地坪。

2.安装操作高度是指安装操作基准面至安装点的垂直高度。本消耗量除各册另有规定者外,安装操作高度综合取定为 6m 以内。工程实际超过时,计算安装操作高度增加费。

十一、关于建筑超高(深)增加费:

1.建筑超高(深)增加费是指在建筑物层数 6 层以上、建筑高度 20m 以上、地下深度 10m 以上的建筑施工时,计算由于建筑超高(深)需要增加的安装费。各册另有规定者除外。

2.建筑超高(深)增加费包括人工降效、使用机械(含仪器仪表、工具用具)降效、延长垂直运输时间等费用。

3.建筑超高(深)增加费,以单位工程(群体建筑以车间或单楼设计为准)全部工程量(含地下、地上部分)为基数,按照系数法计算。系数详见各册说明。

4.单位工程(群体建筑以车间或单楼设计为准)满足建筑高度、建筑物层数、地下深度之一者,应计算建筑超高(深)增加费。

十二、关于脚手架搭拆:

1.本消耗量脚手架搭拆是根据施工组织设计、满足安装需要所采取的安装措施。脚手架搭拆除满足自身安全外,不包括工程项目安全、环保、文明等工作内容。

2.脚手架搭拆综合考虑了不同的结构形式、材质、规模、占用时间等要素,执行消耗量时不做调整。

3.在同一个单位工程内有若干专业安装时,凡符合脚手架搭拆计算规定,应分别计取脚手架搭拆费用。

十三、本消耗量没有考虑施工与生产同时进行、在有害身体健康（防腐蚀工程、检测项目除外）条件下施工时的降效，工程实际发生时根据有关规定另行计算。

十四、本消耗量适用于工程项目施工地点在海拔高度 2 000m 以下施工，超过时按照工程项目所在地区的有关规定执行。

十五、本消耗量中注有"××以内"或"××以下"及"小于"者，均包括 ×× 本身；注有"×× 以外"或"××以上"及"大于"者，则不包括 ×× 本身。

说明中未注明（或省略）尺寸单位的宽度、厚度、断面等，均以"mm"为单位。

十六、凡本说明未尽事宜，详见各册说明。

册 说 明

一、第五册《建筑智能化工程》（以下简称"本册"）适用于工业、民用建设项目中智能化系统安装与调试工程。包括计算机、网络系统、建筑设备自动化、有线电视、卫星接收、音频与视频系统、安全防范系统等安装。

二、本册主要依据的规范标准：

1.《建设工程分类标准》GB/T 50841—2013；

2.《智能建筑工程施工规范》GB 50606—2010；

3.《智能建筑工程质量验收规范》GB 50339—2013；

4.《通用安装工程消耗量定额》TY 02-31-2015。

三、本册除各章另有说明外，均包括下列工作内容：

施工准备，设备、材料及工机具场内运输，设备开箱检验、配合基础验收，吊装设备就位、安装、连接，设备调平找正、固定，临时移动水源与电源，配合检查验收等。

设备、天线、铁塔按照成套购置考虑，项目中包括构件、标准件、附件和设备内部连线等安装。

四、执行说明：

1. 电源线敷设、控制电缆敷设、电缆桥架或支架制作与安装、电线槽安装、电线管敷设、电缆保护管敷设以及 UPS 电源及附属设施、配电箱等安装，执行第四册《电气设备安装工程》相应项目。

2. 凿孔、开槽执行第十册《给排水、采暖、燃气工程》相应项目。

五、下列费用可按系数分别计取：

1. 安装高度超过安装操作基准面 6m 时，超过部分工程量按照项目人工费乘以下列系数计算操作高度增加费。其中：人工费为 70%，材料费为 18%，机械费为 12%。

系数表

安装高度距离安装操作基准面（m）	≤ 10	≤ 30	≤ 50
系数	0.1	0.2	0.5

2. 建筑超高、超深增加费按照下表计算。其中：人工费为 36.5%，机械与仪器仪表费为 63.5%。

建筑超高、超深增加费表

建筑物高度（m 以内）	40	60	80	100	120	140	160	180	200
建筑物层数（层以内）	12	18	24	30	36	42	48	54	60
地下深度（m 以内）	20	30	40	—	—	—	—	—	—
按照人工费计算（%）	2.4	4.0	5.8	7.4	9.1	10.9	12.6	14.3	16.0

注：建筑物层数大于 60 层时，以 60 层为基础，每增加一层增加 0.3%。

六、项目中系统试运行按照连续无故障运行 120h 考虑（有特殊要求除外），超出试运行时间以及试运行中发生的水、电、气等费用另行计算。

目　录

第一章　计算机及网络系统工程

说　明

一、本章内容包括台架、插箱、互联线缆制作与安装和输入设备、输出设备、控制设备、存储设备、路由器、适配器、网络中继器、防火墙、交换机、无线设备、网桥、调制解调器、服务器与桌面终端的安装与本体调试，以及系统软件、数据库软件、其他软件的安装、本体调试、计算机及网络系统联调和计算机及网络系统的试运行。

二、本章不包括以下工作内容。

1. 输入设备、输出设备、控制设备、存储设备、路由器、适配器、网络中继器、防火墙、交换机、无线设备、网桥、调制解调器、服务器与桌面终端的安装与本体调试项目：

（1）设备本身的功能性故障排除；

（2）缺件、配件的制作；

（3）在特殊环境条件下的设备加固、防护和电缆屏蔽；

（4）应用软件的开发；病毒的清除，版本升级与外系统的校验或统调。

2. 计算机及网络系统互联及调试项目：

（1）系统中设备本身的功能性故障排除；

（2）与计算机系统以外的外系统联试、校验或统调。

3. 系统软件、数据库软件及其他软件的安装、调试项目：

（1）排除由于软件本身缺陷造成的故障；

（2）排除软件不配套或不兼容造成的运转失灵；

（3）排除硬件设备的故障引起的失灵、操作系统发生故障中与计算机系统以外的外系统联试、校验或统调。

4. 机柜安装项目子目参见本册第三章的有关内容。

5. 显示器安装、调试项目子目参见本册第五章的有关内容。

工程量计算规则

　　一、输入设备、输出设备、控制设备、存储设备、路由器、适配器、网络中继器、防火墙、交换机、无线设备网桥、调制解调器、服务器与桌面终端的安装调试,以"台"为计量单位。

　　二、互联电缆制作、安装,以"条"为计量单位。

　　三、系统软件、数据库软件、其他软件安装调试,以"套"为计量单位。

　　四、计算机及网络系统联调及试运行,以"系统"为计量单位。

一、输入设备安装、调试

1. 数字化仪安装、调试

工作内容：开箱检查、本体安装调试等。　　　　　　　　　　　　　　　　计量单位：台

编　号		5-1-1	5-1-2
项　目		数字化仪	
		A0、A1	A3、A4
名　称	单位	消　耗　量	
人工 合计工日	工日	1.000	0.500
一般技工	工日	1.000	0.500
材料 其他材料费	元	0.50	0.50
机械 手动液压叉车	台班	0.200	—
仪表 笔记本电脑	台班	0.200	0.050

2. 扫描仪安装、调试

工作内容：开箱检查、本体安装调试等。　　　　　　　　　　　　　　　　计量单位：台

编　号		5-1-3	5-1-4
项　目		扫描仪	
		B0、B1	A3、A4
名　称	单位	消　耗　量	
人工 合计工日	工日	1.500	0.200
一般技工	工日	1.500	0.200
材料 其他材料费	元	0.50	0.50
机械 手动液压叉车	台班	0.300	—
仪表 笔记本电脑	台班	0.050	0.050

二、输出设备安装、调试

1.打印机安装、调试

工作内容: 开箱检查、本体安装调试等。 计量单位:台

编　号			5-1-5	5-1-6
项　目			打印机	
			A0、A1	A3、A4
名　称		单位	消　耗　量	
人工	合计工日	工日	0.500	0.250
	一般技工	工日	0.500	0.250
材料	其他材料费	元	0.50	0.50
机械	手动液压叉车	台班	0.100	—
仪表	笔记本电脑	台班	0.050	0.050

2.绘图仪安装、调试

工作内容: 开箱检查、本体安装调试等。 计量单位:台

编　号			5-1-7	5-1-8
项　目			绘图仪	
			B0、B1	A3、A4
名　称		单位	消　耗　量	
人工	合计工日	工日	1.500	0.200
	一般技工	工日	1.500	0.200
材料	其他材料费	元	4.80	4.80
机械	手动液压叉车	台班	0.300	—
仪表	笔记本电脑	台班	1.500	0.200

3. 其他输入、输出设备安装、调试

工作内容： 开箱检查、本体安装调试等。 计量单位：台

	编 号		5-1-9	5-1-10
	项 目		X-Y 记录仪	多功能一体机
	名 称	单位	消 耗 量	
人工	合计工日	工日	0.500	0.500
	一般技工	工日	0.500	0.500
材料	其他材料费	元	0.50	0.50
机械	手动液压叉车	台班	0.100	—
仪表	笔记本电脑	台班	0.150	0.100

工作内容： 开箱检查、划线、定位、设备组装、接线、接地、本体安装调试等。 计量单位：台

	编 号		5-1-11	5-1-12
	项 目		液晶显示器	
			摆放	壁挂
	名 称	单位	消 耗 量	
人工	合计工日	工日	0.250	0.750
	一般技工	工日	0.250	0.750
材料	其他材料费	元	1.50	1.50
机械	手动液压叉车	台班	0.050	0.150
仪表	笔记本电脑	台班	0.200	0.200
	工业用真有效值万用表	台班	0.100	0.100

三、控制设备安装、调试

1. 计算机通信控制器安装、调试

工作内容：开箱检查、接线、本体安装调试等。 计量单位：台

编　号			5-1-13
项　目			计算机通信控制器
名　称		单位	消　耗　量
人工	合计工日	工日	3.000
	一般技工	工日	3.000
材料	其他材料费	元	1.88
仪表	宽行打印机	台班	0.100
	笔记本电脑	台班	0.800

2. 模 / 数（A/D）、数 / 模（D/A）转换设备安装、调试

工作内容：开箱检查、接线、接地、本体安装调试等。 计量单位：台

编　号			5-1-14	5-1-15	5-1-16	5-1-17
项　目			A/D、D/A 转换设备			
			8 路、8 位	8/16 路、12 位	48/64 路、32 位	96/128 路、32/64 位
名　称		单位	消　耗　量			
人工	合计工日	工日	1.000	1.200	4.000	4.500
	一般技工	工日	1.000	1.200	4.000	4.500
材料	铜芯塑料绝缘电线 BV-6mm^2	m	2.040	2.040	2.040	2.040
	铜端子 6mm^2	个	2.040	2.040	2.040	2.040
	其他材料费	元	2.98	2.98	2.98	2.98
仪表	数字示波器	台班	0.500	1.000	3.500	4.000
	时间间隔测量仪	台班	1.000	1.100	2.000	2.500
	笔记本电脑	台班	1.000	1.100	3.500	4.000

3. KVM 切换器设备安装、调试

工作内容: 开箱检查、接线、接地、本体安装调试等。

计量单位:台

编　号		5-1-18	5-1-19
项　目		KVM 切换器	
		≤8 端口	≤32 端口
名　称	单位	消　耗　量	
人工　合计工日	工日	1.600	2.000
一般技工	工日	1.600	2.000
材料　铜芯塑料绝缘电线 BV-6mm²	m	2.040	2.040
铜端子 6mm²	个	2.040	2.040
其他材料费	元	1.00	2.00
仪表　工业用真有效值万用表	台班	0.200	0.400

四、存储设备安装、调试

1. 数字硬盘录像机、磁盘阵列机、光盘库安装、调试

工作内容: 开箱检查、接线、接地、本体安装调试等。

计量单位:台

编　号		5-1-20	5-1-21
项　目		数字硬盘录像机	
		带环路	不带环路
		≤16	>16
名　称	单位	消　耗　量	
人工　合计工日	工日	3.000	6.000
一般技工	工日	3.000	6.000
材料　铜芯塑料绝缘电线 BV-6mm²	m	2.040	2.040
铜端子 6mm²	个	2.040	2.040
其他材料费	元	3.70	3.70
仪表　笔记本电脑	台班	1.500	3.500
工业用真有效值万用表	台班	0.050	0.050

工作内容: 开箱检查、设备组装、接线、接地、本体安装调试等。 计量单位:台

编　号	5-1-22	5-1-23	5-1-24	5-1-25
项　目	磁盘阵列机			
	2 通道	4 通道	8 通道	16 通道
名　称	单位	消　耗　量			

	名　称	单位	5-1-22	5-1-23	5-1-24	5-1-25
人工	合计工日	工日	2.000	4.000	8.000	12.000
	一般技工	工日	2.000	4.000	8.000	12.000
材料	铜芯塑料绝缘电线 BV-6mm²	m	2.040	2.040	4.080	8.160
	铜端子 6mm²	个	2.040	2.040	4.080	8.160
	白绸	m²	1.000	1.000	1.500	3.000
	其他材料费	元	2.52	3.50	4.50	5.00
机械	手动液压叉车	台班	0.400	0.500	0.500	0.500
仪表	笔记本电脑	台班	0.800	1.200	1.500	2.500

工作内容: 开箱检查、设备组装、接线、接地、本体安装调试等。 计量单位:台

编　号	5-1-26	5-1-27	5-1-28
项　目	磁盘阵列机		
	32 通道	128 通道	每增加 1 个标准硬盘
名　称	单位	消　耗　量		

	名　称	单位	5-1-26	5-1-27	5-1-28
人工	合计工日	工日	18.000	30.000	0.200
	一般技工	工日	18.000	30.000	0.200
材料	铜芯塑料绝缘电线 BV-6mm²	m	16.320	65.280	—
	铜端子 6mm²	个	16.320	65.280	—
	白绸	m²	6.000	9.000	0.300
	其他材料费	元	1.50	5.00	0.04
机械	手动液压叉车	台班	0.500	0.500	—
仪表	笔记本电脑	台班	3.500	4.000	0.080

工作内容：开箱检查、设备组装、接线、接地、本体安装调试等。　　　　　　　　　　　计量单位：台

编　　号		5-1-29	5-1-30	5-1-31	5-1-32
项　　目		光盘库			每增加1个光盘匣
		光盘匣（个以内）			
		4	16	32	
名　　称	单位	消　耗　量			
人工　合计工日	工日	2.500	6.000	13.000	0.650
一般技工	工日	2.500	6.000	13.000	0.650
材料　铜芯塑料绝缘电线 BV-6mm²	m	2.040	2.040	2.040	—
铜端子 6mm²	个	2.040	2.040	2.040	—
白绸	m²	2.000	4.000	8.000	0.500
光盘 5″	片	2.000	4.000	6.000	—
其他材料费	元	1.10	3.20	5.00	0.20
机械　手动液压叉车	台班	0.500	0.500	0.500	—
仪表　笔记本电脑	台班	1.200	3.000	7.000	0.300

2. 磁带机、磁带库安装、调试

工作内容：开箱检查、设备组装、接线、接地、本体安装调试等。　　　　　　　　　　　计量单位：台

编　　号		5-1-33	5-1-34	5-1-35	5-1-36	5-1-37
项　　目		台式磁带机	盒式磁带机（盘以内）			
			16	32	64	128
名　　称	单位	消　耗　量				
人工　合计工日	工日	0.300	2.500	4.000	6.500	13.000
一般技工	工日	0.300	2.500	4.000	6.500	13.000
材料　铜芯塑料绝缘电线 BV-6mm²	m	2.040	2.040	4.080	8.160	16.320
铜端子 6mm²	个	2.040	2.040	4.080	8.160	16.320
磁带	盒	（0.500）	（1.000）	（2.000）	（4.000）	（6.000）
磁带（清洁带）	盒	（0.500）	（1.000）	（1.000）	（2.000）	（3.000）
白绸	m²	0.100	0.100	0.200	0.400	0.600
其他材料费	元	2.80	3.00	3.50	4.50	5.00
机械　手动液压叉车	台班	—	0.500	0.500	0.500	0.500
仪表　笔记本电脑	台班	0.200	2.000	3.500	6.000	10.000

工作内容：开箱检查、设备组装、接线、接地、本体安装调试等。　　　　　　计量单位：台

编　号			5-1-38	5-1-39	5-1-40	5-1-41
项　目			磁带库（盒）			1 000 以上，每增加 50
			小型	中型	大型	
			200 以内	500 以内	1 000 以内	
名　称		单位	消　耗　量			
人工	合计工日	工日	3.500	6.500	10.500	0.800
	一般技工	工日	3.500	6.500	10.500	0.800
材料	铜芯塑料绝缘电线 BV–6mm²	m	2.040	2.040	2.040	—
	铜端子 6mm²	个	2.040	2.040	2.040	—
	磁带	盒	（1.000）	（2.000）	（4.000）	（1.000）
	磁带（清洁带）	盒	（1.000）	（1.000）	（2.000）	（1.000）
	其他材料费	元	1.50	4.50	5.00	0.50
机械	手动液压叉车	台班	0.500	0.500	0.500	0.160
仪表	笔记本电脑	台班	3.000	6.000	8.000	0.500

五、台架、插箱安装

工作内容：开箱检查、划线、定位、设备组装、接线、接地、本体安装等。　　　　　　计量单位：台

编　号			5-1-42	5-1-43	5-1-44	5-1-45
项　目			台架		插箱	
			650×700	650×1 200	固定式标准插箱	翻转式标准插箱
名　称		单位	消　耗　量			
人工	合计工日	工日	1.000	1.500	1.000	1.500
	一般技工	工日	1.000	1.500	1.000	1.500
材料	铜芯塑料绝缘电线 BV–6mm²	m	—	—	2.040	2.040
	铜芯塑料绝缘电线 BV–16mm²	m	2.040	2.040	—	—
	铜端子 6mm²	个	—	—	2.040	2.040
	铜端子 16mm²	个	2.040	2.040	—	—
	其他材料费	元	1.00	1.20	1.00	1.20
机械	手动液压叉车	台班	0.200	0.300	0.200	0.300
仪表	工业用真有效值万用表	台班	0.100	0.100	0.100	0.100
	接地电阻测试仪	台班	0.050	0.050	0.050	0.050

六、互联电缆制作、安装

1. 圆导体带状电缆制作、安装

工作内容：量裁线缆、线缆与插头的安装焊接、测试等。 计量单位：条

	编　号		5-1-46	5-1-47	5-1-48	5-1-49	5-1-50
	项　目		带连接器的圆导体带状电缆（线以内）				
			10	20	34	50	60
	名　称	单位	消　耗　量				
人工	合计工日	工日	0.300	0.350	0.450	0.500	0.600
	一般技工	工日	0.300	0.350	0.450	0.500	0.600
材料	带状电缆	m	（1.020）	（1.020）	（1.020）	（1.020）	（1.020）
	插头	个	（2.020）	（2.020）	（2.020）	（2.020）	（2.020）
	其他材料费	元	0.50	0.50	0.50	0.50	0.50
仪表	钳形接地电阻测试仪	台班	0.250	0.250	0.250	0.250	0.250
	工业用真有效值万用表	台班	0.050	0.070	0.100	0.150	0.180

2. 外设接口电缆、外设电缆制作、安装

工作内容：量裁线缆、线缆与插头的安装焊接、测试等。 计量单位：条

	编　号		5-1-51	5-1-52	5-1-53	5-1-54
	项　目		带连接器的外设接口电缆（芯以内）		带连接器的外设电缆（芯以内）	
			7	37	19	32
	名　称	单位	消　耗　量			
人工	合计工日	工日	0.300	0.450	0.300	0.450
	一般技工	工日	0.300	0.450	0.300	0.450
材料	外设接口电缆	m	（1.500）	（1.500）	—	—
	外设电缆	m	—	—	（5.000）	（5.000）
	插头	个	（2.020）	（2.020）	（2.020）	（2.020）
	其他材料费	元	0.50	0.50	0.50	0.50
仪表	钳形接地电阻测试仪	台班	0.250	0.250	0.250	0.250
	工业用真有效值万用表	台班	0.250	0.250	0.250	0.250

3.中继连接电缆（带连接器）制作、安装

工作内容：量裁线缆、线缆与插头的安装焊接、测试等。　　　　　　　　　　　　　　　　　计量单位：条

编　号			5-1-55	5-1-56	5-1-57	5-1-58
项　目			中继连接电缆（芯）			
			3	6	9	15
名　称		单位	消　耗　量			
人工	合计工日	工日	0.250	0.300	0.350	0.450
	一般技工	工日	0.250	0.300	0.350	0.450
材料	中继连接电缆	m	（5.100）	（5.100）	（5.100）	（5.100）
	中继（矩形连接器）	对	（1.010）	（1.010）	（1.010）	（1.010）
	连接插针（压接）	个	（6.060）	（12.120）	（18.180）	（30.300）
	连接插孔（压接）	个	（6.060）	（12.120）	（18.180）	（30.300）
	其他材料费	元	0.50	0.50	0.50	0.50
仪表	钳形接地电阻测试仪	台班	0.250	0.250	0.250	0.250
	工业用真有效值万用表	台班	0.250	0.250	0.250	0.250

七、路由器、适配器、中继器设备安装、调试

工作内容：开箱检查、接线、接地、本体安装、调试等。　　　　　　　　　　　　　　　　　计量单位：台

编　号			5-1-59	5-1-60	5-1-61	5-1-62
项　目			路由器			
			固定配置（口以内）		插槽式（槽）	
			4	8	4以下	4以上
名　称		单位	消　耗　量			
人工	合计工日	工日	0.500	0.750	1.500	3.000
	一般技工	工日	0.500	0.750	1.500	3.000
材料	铜芯塑料绝缘电线　BV-6mm²	m	2.040	2.040	2.040	2.040
	铜端子　6mm²	个	2.040	2.040	2.040	2.040
	其他材料费	元	2.00	2.50	4.00	5.00
仪表	笔记本电脑	台班	0.400	0.800	1.200	2.500

工作内容: 开箱检查、接线、本体安装、调试等。　　　　　　　　　　　　　　计量单位:台

编　号			5-1-63	5-1-64
项　目			适配器	中继器
名　称		单位	消　耗　量	
人工	合计工日	工日	1.250	1.000
	一般技工	工日	1.250	1.000
材料	铜芯塑料绝缘电线 BV-6mm^2	m	2.040	2.040
	铜端子 6mm^2	个	2.040	2.040
	其他材料费	元	1.00	1.10
仪表	笔记本电脑	台班	0.500	0.500

八、防火墙设备安装、调试

工作内容: 开箱检查、接线、接地、本体安装调试等。　　　　　　　　　　　　计量单位:台

编　号			5-1-65	5-1-66	5-1-67
项　目			防火墙设备		
			包过滤防火墙	状态/动态防火墙	应用程序防火墙
名　称		单位	消　耗　量		
人工	合计工日	工日	2.000	5.000	3.500
	一般技工	工日	2.000	5.000	3.500
材料	铜芯塑料绝缘电线 BV-6mm^2	m	2.040	2.040	2.040
	铜端子 6mm^2	个	2.040	2.040	2.040
	其他材料费	元	1.30	1.30	1.30
仪表	笔记本电脑	台班	1.000	3.000	2.000

工作内容： 开箱检查、接线、接地、本体安装调试等。　　　　　　　　　　　　　　　　　　　　　　　　计量单位：台

编　号			5-1-68	5-1-69	5-1-70
项　目			防火墙设备		
			NAT 防火墙	个人防火墙	网闸
名　称		单位	消　耗　量		
人工	合计工日	工日	4.000	1.500	3.000
	一般技工	工日	4.000	1.500	3.000
材料	铜芯塑料绝缘电线 BV-6mm²	m	2.040	2.040	2.040
	铜端子 6mm²	个	2.040	2.040	2.040
	其他材料费	元	1.30	1.30	1.30
仪表	笔记本电脑	台班	2.500	1.000	2.000

九、交换机设备安装、调试

工作内容： 开箱检查、接线、接地、本体安装调试等。　　　　　　　　　　　　　　　　　　　　　　　　计量单位：台

编　号			5-1-71	5-1-72	5-1-73	5-1-74
项　目			交换机			
			固定配置（口）		插槽式（槽）	
			24 以下	24 以上	4 以下	4 以上
名　称		单位	消　耗　量			
人工	合计工日	工日	3.000	5.000	5.700	9.000
	一般技工	工日	3.000	5.000	5.700	9.000
材料	铜芯塑料绝缘电线 BV-6mm²	m	2.040	2.040	2.040	2.040
	铜端子 6mm²	个	2.040	2.040	2.040	2.040
	其他材料费	元	4.00	5.00	4.00	5.00
仪表	笔记本电脑	台班	1.000	1.500	2.500	4.000

十、服务器、桌面终端安装、调试

工作内容：开箱检查、设备组装、接线、接地、本体调试等。　　　　　　　　　　　计量单位：台

编　号		5-1-75	5-1-76	5-1-77
项　目		桌面计算机	工作站/工作台	台式服务器
名　称	单位	消　耗　量		
人 工	合计工日	工日	0.500	1.800	1.500
	一般技工	工日	0.500	1.800	1.500
材 料	铜芯塑料绝缘电线 BV–6mm^2	m	2.040	2.040	2.040
	铜端子 6mm^2	个	2.040	2.040	2.040
	其他材料费	元	3.50	4.50	5.00
仪 表	钳形接地电阻测试仪	台班	0.050	0.060	0.050

工作内容：开箱检查、设备组装、接线、接地、本体调试等。　　　　　　　　　　　计量单位：台

编　号		5-1-78	5-1-79	5-1-80
项　目		插箱式服务器		
		1U	2U	4U
名　称	单位	消　耗　量		
人 工	合计工日	工日	0.600	0.800	1.200
	一般技工	工日	0.600	0.800	1.200
材 料	铜芯塑料绝缘电线 BV–6mm^2	m	2.040	2.040	2.040
	铜端子 6mm^2	个	2.040	2.040	2.040
	其他材料费	元	3.50	4.50	5.00
仪 表	钳形接地电阻测试仪	台班	0.050	0.050	0.050

工作内容: 开箱检查、设备组装、接线、接地、本体调试等。 计量单位:台

编　号			5-1-81	5-1-82
项　目			刀片式服务器	
			7片以下	7片以上,每增加1片
名　称		单位	消　耗　量	
人工	合计工日	工日	3.500	0.500
	一般技工	工日	3.500	0.500
材料	铜芯塑料绝缘电线 BV-6mm²	m	2.040	—
	铜端子 6mm²	个	2.040	—
	其他材料费	元	5.00	1.00
仪表	钳形接地电阻测试仪	台班	0.050	0.010

十一、网桥、调制解调器设备安装、调试

工作内容: 开箱检查、设备组装、接线、接地、本体安装调试等。 计量单位:台

编　号			5-1-83	5-1-84	5-1-85
项　目			网桥	调制解调器	
				有线	无线
名　称		单位	消　耗　量		
人工	合计工日	工日	3.500	1.000	1.800
	一般技工	工日	3.500	1.000	1.800
材料	铜芯塑料绝缘电线 BV-6mm²	m	2.040	2.040	2.040
	铜端子 6mm²	个	2.040	2.040	2.040
	其他材料费	元	1.10	1.10	1.10
仪表	笔记本电脑	台班	0.500	0.500	0.500

十二、无线设备安装、调试

工作内容:开箱检查、接线、接地、本体安装调试等。　　　　　　　　　　计量单位:套

编　号		5-1-86	5-1-87	5-1-88	5-1-89
项　目		无线设备			
		室内		室外	
		定向	全向	定向	全向
名　称	单位	消　耗　量			
人工　合计工日	工日	0.200	0.300	0.400	0.600
一般技工	工日	0.200	0.300	0.400	0.600
材料　其他材料费	元	0.50	0.50	0.50	0.50
仪表　笔记本电脑	台班	0.500	0.500	0.500	0.500

工作内容:开箱检查、接线、接地、本体安装调试等。　　　　　　　　　　计量单位:套

编　号		5-1-90	5-1-91	5-1-92
项　目		无线控制器(用户以内)		
		100	250	500
名　称	单位	消　耗　量		
人工　合计工日	工日	2.000	5.000	8.000
一般技工	工日	2.000	5.000	8.000
材料　铜芯塑料绝缘电线 BV-6mm^2	m	2.040	2.040	2.040
铜端子 6mm^2	个	2.040	2.040	2.040
其他材料费	元	0.50	0.50	0.50
仪表　笔记本电脑	台班	1.000	3.000	5.000
钳形接地电阻测试仪	台班	0.050	0.050	0.050

十三、系统软件安装、调试

工作内容:检查、软件安装、调试、完成测试记录报告等。　　　　　　　　　**计量单位:**套

编　号		5-1-93	5-1-94	5-1-95
项　目		服务器系统软件(用户)		
		100 以下	300 以下	300 以上
名　称	单位	消　耗　量		
人工 合计工日	工日	2.000	4.000	8.000
高级技工	工日	2.000	4.000	8.000
材料 其他材料费	元	4.50	4.50	4.50
仪表 宽行打印机	台班	0.100	0.150	0.150
笔记本电脑	台班	2.000	4.000	8.000

工作内容:装调技术准备、接口正确性检查确认、系统联调。　　　　　　　　　**计量单位:**套

编　号		5-1-96	5-1-97	5-1-98
项　目		服务器操作系统软件		
		单核	双核	四核
名　称	单位	消　耗　量		
人工 合计工日	工日	0.500	0.700	1.100
高级技工	工日	0.500	0.700	1.100
材料 其他材料费	元	1.50	1.50	1.50
仪表 宽行打印机	台班	0.100	0.100	0.100
笔记本电脑	台班	0.500	0.700	1.100

工作内容: 装调技术准备、线缆正确性检查确认、软件安装配置、完成测试记录
报告等。

计量单位:套

编　号		5-1-99	5-1-100	5-1-101
项　目		网络及网络管理软件(设备)		
		100 以下	300 以下	300 以上
名　称	单位	消　耗　量		
人工 合计工日	工日	10.000	13.000	15.000
高级技工	工日	10.000	13.000	15.000
材料 其他材料费	元	5.00	5.00	5.00
仪表 工业用真有效值万用表	台班	2.000	2.500	4.000
网络分析仪	台班	1.500	2.500	4.000
宽行打印机	台班	0.100	0.150	0.150
笔记本电脑	台班	10.000	13.000	15.000

十四、数据库软件安装、调试

工作内容: 数据库软件安装配置、系统联调,完成测试记录报告等。

计量单位:套

编　号		5-1-102	5-1-103
项　目		数据库软件	
		视窗系统数据库	多用户系统数据库
名　称	单位	消　耗　量	
人工 合计工日	工日	3.000	5.000
高级技工	工日	3.000	5.000
材料 其他材料费	元	4.50	5.00
仪表 宽行打印机	台班	0.100	0.150
笔记本电脑	台班	3.000	5.000

十五、其 他 软 件

工作内容：装调技术准备、软件安装部署、功能验证。　　　　　　　　　　　　计量单位：套

编　号		5-1-104	5-1-105	5-1-106
项　目		办公软件	工具软件	工作站软件
名　称	单位	消　耗　量		
人工 合计工日	工日	1.000	3.000	3.500
高级技工	工日	1.000	3.000	3.500
仪表 笔记本电脑	台班	1.000	3.000	3.500

十六、计算机及网络系统联调

工作内容：系统互联、调试、软件功能／技术参数的设置、完成自检测试报告等。　　　　计量单位：系统

编　号		5-1-107	5-1-108	5-1-109
项　目		计算机及网络系统联调（个信息点）		
		100 以下	300 以下	300 以上 每增加 30
名　称	单位	消　耗　量		
人工 合计工日	工日	40.000	101.000	5.000
高级技工	工日	40.000	101.000	5.000
材料 其他材料费	元	4.50	5.00	—
仪表 对讲机（一对）	台班	9.000	21.000	—
笔记本电脑	台班	18.000	43.000	5.000
工业用真有效值万用表	台班	3.000	7.000	—
网络分析仪	台班	10.000	24.000	2.000

十七、计算机及网络系统试运行

工作内容：系统调试调优、软件功能／技术参数的设置、完成试运行测试报告等。 **计量单位：**系统

编　号			5-1-110	5-1-111
项　目			计算机及网络系统试运行（个信息点）	
			100 以下	100 以上
名　称		单位	消　耗　量	
人工	合计工日	工日	30.000	72.000
	高级技工	工日	30.000	72.000
材料	其他材料费	元	4.50	5.00
仪表	宽行打印机	台班	1.000	2.000
	对讲机（一对）	台班	5.000	5.000
	笔记本电脑	台班	5.000	5.000
	网络分析仪	台班	2.000	5.000
	工业用真有效值万用表	台班	5.000	5.000

第二章　综合布线系统工程

说　　明

一、本章内容包括综合布线系统工程。

二、安装过线（路）盒，包括在线槽上和管路上两种类型均执行"分线接线箱（盒）安装"项目。

三、本章所涉及双绞线缆的敷设及配线架、跳线架等的安装、打接等消耗量，是按超五类非屏蔽布线系统编制的，高于超五类的布线工程所用项目子目人工乘以系数 1.10，屏蔽系统人工乘以系数 1.20。

四、在已建天棚内敷设线缆天棚需拆装时，所用项目子目人工乘以系数 1.50。

工程量计算规则

一、双绞线缆、光缆、同轴电缆敷设、穿放、明布放,以"m"计量单位。电缆敷设按单根延长米计算,如一个架上敷设 3 根各长 100m 的电缆,应按 300m 计算,依次类推。电缆附加及预留的长度是电缆敷设长度的组成部分,应计入电缆长度工程量之内。

二、制作跳线以"条"为计量单位,卡接双绞线缆,以"对"为计量单位,跳线架、配线架安装,以"条"为计量单位。

三、安装各类信息插座、过线(路)盒、信息插座底盒(接线盒)、光缆终端盒和跳块打接,以"个"为计量单位。

四、双绞线缆、光缆测试,以"链路"为计量单位。

五、光纤连接,以"芯"(磨制法以"端口")为计量单位。

六、布放尾纤,以"条"为计量单位。

七、机柜、机架、抗震底座安装,以"台"为计量单位。

一、机柜、机架安装

工作内容: 开箱检查、划线、定位、设备组装、接线、接地、本体安装等。　　　　　　　　计量单位: 台

编　号			5-2-1	5-2-2	5-2-3	5-2-4
项　目			机柜、机架		机柜通风散热装置	抗震底座
			落地式	墙挂式（600×600）		
名　称		单位	消　耗　量			
人工	合计工日	工日	1.425	0.618	0.238	0.950
	一般技工	工日	1.425	0.618	0.238	0.950
材料	机柜（机架）	个	（1.000）	（1.000）	—	—
	机柜通风散热装置	个	—	—	（1.000）	—
	抗震底座	个	—	—	—	（1.000）
	铜芯塑料绝缘电线 BV-6mm²	m	—	—	2.040	—
	铜芯塑料绝缘电线 BV-16mm²	m	2.020	3.030	—	—
	铜端子 6mm²	个	—	—	2.040	—
	铜端子 16mm²	个	2.020	2.020	—	—
	其他材料费	元	5.00	5.00	0.27	5.00
机械	手动液压叉车	台班	0.285	0.124	—	0.190
仪表	钳形接地电阻测试仪	台班	0.010	0.010	0.010	—

二、分线接线箱（盒）安装

工作内容: 定位划线、开孔、安装盒体、连接处密封、做标记。　　　　　　　　　　　计量单位: 个

编　号			5-2-5	5-2-6	5-2-7	5-2-8
项　目			安装接线箱（半周长）		安装过线（路）盒（半周长）	
			≤700	>700	≤200	>200
名　称		单位	消　耗　量			
人工	合计工日	工日	0.342	0.494	0.038	0.124
	一般技工	工日	0.342	0.494	0.038	0.124
材料	过线（路）盒	个	—	—	（1.020）	（1.020）
	接线箱	个	（1.000）	（1.000）	—	—
	铜芯塑料绝缘电线 BV-16mm²	m	3.060	3.060	—	—
	铜端子 16mm²	个	2.020	2.020	—	—
	其他材料费	元	3.01	3.24	—	—
仪表	钳形接地电阻测试仪	台班	0.250	0.250	—	—

三、电视插座安装

工作内容: 固定线缆、接线、安装固定面板。　　　　　　　　　　　　　　　计量单位:个

编　号		5-2-9	5-2-10
项　目		电视插座	
		明装	暗装
名　称	单位	消　耗　量	
人 工	合计工日	工日	0.076	0.048
	一般技工	工日	0.076	0.048
材 料	插座	个	（1.010）	（1.010）
	其他材料费	元	0.27	0.27

四、大对数线缆穿放、布放

工作内容: 检查、抽测电缆、清理管道、制作穿线端头（钩）、穿放电缆、封堵出口等。　　计量单位:m

编　号		5-2-11	5-2-12	5-2-13	5-2-14
项　目		管内穿放（对以内）			
		25	50	100	200
名　称	单位	消　耗　量			
人 工	合计工日	工日	0.015	0.021	0.030	0.043
	一般技工	工日	0.015	0.021	0.030	0.043
材 料	大对数电缆	m	（1.020）	（1.020）	（1.020）	（1.020）
	其他材料费	元	0.06	0.09	0.11	0.14
仪 表	工业用真有效值万用表	台班	0.002	0.004	0.008	0.016
	对讲机（一对）	台班	0.007	0.010	0.015	0.020

工作内容: 检查、抽测电缆、清理线槽、制作穿线端头（钩）、穿放电缆、绑扎电缆、
标记电缆、槽盒盖扣、封堵出口等。

计量单位：m

编　号		5-2-15	5-2-16	5-2-17	5-2-18
项　目		线槽、桥架内布放（对以内）			
		25	50	100	200
名　称	单位	消　耗　量			
人工 合计工日	工日	0.024	0.029	0.037	0.048
一般技工	工日	0.024	0.029	0.037	0.048
材料 大对数电缆	m	（1.020）	（1.020）	（1.020）	（1.020）
其他材料费	元	0.06	0.09	0.11	0.14
仪表 工业用真有效值万用表	台班	0.002	0.004	0.008	0.016
对讲机（一对）	台班	0.007	0.010	0.015	0.020

五、双绞线缆穿放、布放

工作内容: 检查、抽测电缆、清理管道/线槽/桥架、布放、绑扎电缆、标记电缆、
槽盒盖扣、封堵出口等。

计量单位：m

编　号		5-2-19	5-2-20	5-2-21
项　目		管内穿放	线槽内布放	桥架内布放
		≤4 对		
名　称	单位	消　耗　量		
人工 合计工日	工日	0.012	0.021	0.021
一般技工	工日	0.012	0.021	0.021
材料 双绞线缆	m	（1.050）	（1.050）	（1.050）
其他材料费	元	0.04	0.04	0.04
仪表 工业用真有效值万用表	台班	0.001	0.001	0.001
对讲机（一对）	台班	0.005	0.005	0.005

六、光缆穿放、布放

工作内容：检查光缆、清理管道、制作穿线端头（钩）、穿放引线、穿放光缆、出口
衬垫、封堵出口等。

计量单位：m

编　号		5-2-22	5-2-23	5-2-24	5-2-25
项　目		管内穿放（芯以内）			
		12	36	72	144
名　称	单位	消　耗　量			
人工 合计工日	工日	0.011	0.019	0.026	0.033
一般技工	工日	0.011	0.019	0.026	0.033
材料 光缆	m	（1.020）	（1.020）	（1.020）	（1.020）
其他材料费	元	0.02	0.02	0.02	0.02
仪表 对讲机（一对）	台班	0.005	0.008	0.010	0.010

工作内容：检查光缆、清理线槽、布放、绑扎光缆、标记光缆、加垫套、槽盒盖扣、
封堵出口等。

计量单位：m

编　号		5-2-26	5-2-27	5-2-28	5-2-29
项　目		线槽内布放（芯以内）			
		12	36	72	144
名　称	单位	消　耗　量			
人工 合计工日	工日	0.022	0.029	0.031	0.038
一般技工	工日	0.022	0.029	0.031	0.038
材料 光缆	m	（1.020）	（1.020）	（1.020）	（1.020）
其他材料费	元	0.20	0.20	0.20	0.20
仪表 对讲机（一对）	台班	0.003	0.005	0.005	0.005

工作内容: 检查光缆、清理线槽、布放、绑扎光缆、标记光缆、加垫套、封堵出口等。　　　　　**计量单位:** m

	编　　号		5-2-30	5-2-31	5-2-32	5-2-33
	项　　目		桥架内布放(芯以内)			
			12	36	72	144
	名　　称	单位	消　耗　量			
人	合计工日	工日	0.022	0.029	0.031	0.038
工	一般技工	工日	0.022	0.029	0.031	0.038
材	光缆	m	(1.020)	(1.020)	(1.020)	(1.020)
料	其他材料费	元	0.20	0.20	0.20	0.20
仪表	对讲机(一对)	台班	0.003	0.005	0.005	0.005

七、跳线制作、卡接

工作内容: 1. 制作跳线:量裁线缆、线缆与跳线连接器的安装卡接、检查测试等。
　　　　　2. 卡接双绞线缆:编扎固定线缆、卡线、核对线序、安装固定接线模块(跳线盘)等。

	编　　号		5-2-34	5-2-35	5-2-36	5-2-37
	项　　目		制作卡接跳线	安装双绞线跳线	跳线卡接	安装光纤跳线
			条	条	对	条
	名　　称	单位	消　耗　量			
人	合计工日	工日	0.076	0.048	0.019	0.095
工	一般技工	工日	0.076	0.048	0.019	0.095
材	双绞线缆	m	(1.050)	—	—	—
	跳线连接器	个	(2.020)	—	—	—
料	跳线	条	—	(1.000)	—	(1.000)
	其他材料费	元	—	0.40	—	0.40
仪表	网络测试仪	台班	0.040	—	—	—

工作内容：检查、接线、测试。　　　　　　　　　　　　　　　　　　　　　　　计量单位：个

编　　号			5-2-38
项　　目			RJ45接头/RJ11接头
名　　称	单位		消　耗　量
人工	合计工日	工日	0.057
	一般技工	工日	0.057
材料	插头	个	（1.010）
	其他材料费	元	0.14
仪表	网络测试仪	台班	0.010

八、配线架安装

工作内容：安装配线架、卡接双绞线缆、编扎固定双绞线缆、核对线序、做标记等。　　　　计量单位：架

编　　号		5-2-39	5-2-40	5-2-41	5-2-42
项　　目		配线架（口）			
		12	24	48	96
名　　称	单位	消　　耗　　量			
人工	合计工日	工日	0.760	1.710	3.420	7.410
	一般技工	工日	0.760	1.710	3.420	7.410
材料	标签纸（综合）	m	0.075	0.075	0.150	0.300
	其他材料费	元	1.12	1.89	2.66	4.53
仪表	线号打印机	台班	0.500	1.200	3.000	6.500

工作内容：安装配线架、卡接双绞线缆、编扎固定双绞线缆、核对线序、安装电子
配线架附件等。

计量单位：架

编　号			5-2-43	5-2-44
项　目			电子配线架（口）	
			24 以下	24 以上
名　称		单位	消　耗　量	
人工	合计工日	工日	1.900	3.800
	一般技工	工日	1.900	3.800
材料	清洁布 250×250	块	5.100	9.800
	酒精	kg	0.030	0.055
	其他材料费	元	1.53	2.66

九、跳线架安装

工作内容：安装跳线架、编扎固定双绞线缆、卡线、核对线序等。

计量单位：架

编　号			5-2-45	5-2-46	5-2-47	5-2-48
项　目			安装跳线架打接（对）			
			50	100	200	400
名　称		单位	消　耗　量			
人工	合计工日	工日	0.760	1.425	2.850	5.700
	一般技工	工日	0.760	1.425	2.850	5.700
材料	标签纸（综合）	m	0.075	0.150	0.300	0.600
	其他材料费	元	0.89	1.30	2.00	2.66

十、信息插座安装

工作内容：定位、划线、开孔、安装盒体、连接处处理。　　　　　　　　　　计量单位：个

编　号		5-2-49	5-2-50	5-2-51
项　目		安装底盒（接线盒）		
		明装	砖墙内	混凝土墙内
名　称	单位	消　耗　量		
人工　合计工日	工日	0.038	0.093	0.124
一般技工	工日	0.038	0.093	0.124
材料　接线盒	个	（1.010）	（1.010）	（1.010）
其他材料费	元	0.76	0.76	0.76

工作内容：定位、划线、开孔、安装盒体、连接处处理。　　　　　　　　　　计量单位：个

编　号		5-2-52	5-2-53
项　目		安装底盒（接线盒）	
		木地板内	金属地板内
名　称	单位	消　耗　量	
人工　合计工日	工日	0.080	0.160
一般技工	工日	0.080	0.160
材料　接线盒	个	（1.010）	（1.010）
其他材料费	元	0.76	0.76

工作内容：安装盒体／面板、接线、连接处处理。　　　　　　　　　　　　　　　　　　**计量单位：**个

编　号		5-2-54	5-2-55	5-2-56
项　目		安装 8 位模块式信息插座		
		单口	双口	四口
名　称	单位	消　耗　量		
人 工　合计工日	工日	0.057	0.086	0.143
一般技工	工日	0.057	0.086	0.143
材 料　插座	个	（1.010）	（1.010）	（1.010）
其他材料费	元	0.20	0.20	0.20

工作内容：安装盒体／面板、接线、连接处处理。

编　号		5-2-57	5-2-58	5-2-59
项　目		光纤信息插座		安装光纤连接盘
		单口	双口	
		个		块
名　称	单位	消　耗　量		
人 工　合计工日	工日	0.029	0.038	0.618
一般技工	工日	0.029	0.038	0.618
材 料　插座	个	（1.010）	（1.010）	—
光纤连接盘	块	—	—	（1.010）
其他材料费	元	0.15	0.78	—

十一、光 纤 连 接

工作内容:端面处理、纤芯连接、测试、包封护套、盘绕、固定光纤等。　　　　　　　　　　　　　　计量单位:芯

编　号		5-2-60	5-2-61	5-2-62
项　目		光纤连接		
		机械法		熔接法
		单模	多模	单模
名　称	单位	消　耗　量		
人工 合计工日	工日	0.323	0.406	0.143
一般技工	工日	0.323	0.406	0.143
材料 光纤连接器材	套	(1.010)	(1.010)	(1.010)
其他材料费	元	1.28	1.28	1.28
仪表 光纤熔接机	台班	—	—	0.100
光纤测试仪	台班	0.010	0.010	—

工作内容:端面处理、纤芯连接、测试、包封护套、盘绕、固定光纤等。　　　　　　　　　　　　　　计量单位:芯

编　号		5-2-63	5-2-64	5-2-65
项　目		光纤连接		
		熔接法	磨制法(端口)	
		多模	单模	多模
名　称	单位	消　耗　量		
人工 合计工日	工日	0.129	0.428	0.475
一般技工	工日	0.129	0.428	0.475
材料 光纤连接器材	套	(1.010)	—	—
磨制光纤连接器材	套	—	(1.050)	(1.050)
其他材料费	元	1.28	1.28	1.28
仪表 光纤熔接机	台班	0.100	—	—
光纤测试仪	台班	—	0.010	0.010

十二、光缆终端盒安装

工作内容: 安装光纤盒、安装连接耦合器、光纤的盘留固定、尾纤端头连接等。　　　　　　计量单位: 个

编　号			5-2-66	5-2-67	5-2-68
项　目			安装光缆终端盒(芯以内)		
			12	24	48
名　称		单位	消　耗　量		
人工	合计工日	工日	0.475	0.532	0.912
	一般技工	工日	0.475	0.532	0.912
材料	光缆终端盒	个	(1.020)	(1.020)	(1.020)
	其他材料费	元	2.22	2.22	2.22
仪表	手持光损耗测试仪	台班	0.200	0.224	0.384

工作内容: 安装光纤盒、安装连接耦合器、光纤的盘留固定、尾纤端头连接等。　　　　　　计量单位: 个

编　号			5-2-69	5-2-70	5-2-71
项　目			安装光缆终端盒(芯以内)		
			72	96	144
名　称		单位	消　耗　量		
人工	合计工日	工日	1.368	1.824	2.375
	一般技工	工日	1.368	1.824	2.375
材料	光缆终端盒	个	(1.020)	(1.020)	(1.020)
	其他材料费	元	2.24	2.24	2.24
仪表	手持光损耗测试仪	台班	0.576	0.768	0.960

十三、尾 纤 布 放

工作内容：测试衰耗、固定光纤连接器、盘留固定。　　　　　　　　　　　　　　　　计量单位：条

编　号			5-2-72	5-2-73	5-2-74
项　目			终端盒至光纤配线架	光纤配线架至设备	光纤配线架架内跳线
名　称		单位	消　耗　量		
人	合计工日	工日	0.190	0.095	0.143
工	一般技工	工日	0.190	0.095	0.143
材	尾纤 10m 双头	根	（1.020）	（1.020）	（1.020）
料	其他材料费	元	0.09	0.09	0.09
仪表	手持光损耗测试仪	台班	0.050	0.100	0.050

十四、线管理器安装

工作内容：本体安装、编扎固定线缆等。　　　　　　　　　　　　　　　　　　　　计量单位：个

编　号			5-2-75	5-2-76
项　目			线管理器	
			1U	2U
名　称		单位	消　耗　量	
人	合计工日	工日	0.095	0.285
工	一般技工	工日	0.095	0.285
材	线管理器	个	（1.010）	（1.010）
	六角螺栓带螺母	套	0.041	0.082
料	镀锌垫圈 M10	个	0.816	1.632
	其他材料费	元	1.47	2.41

十五、测　　试

工作内容: 测试、记录、完成测试报告。

编　号			5-2-77	5-2-78	5-2-79
项　目			4 对双绞线缆	光纤	大对数线缆
			链路		对
名　称		单位	消　耗　量		
人工	合计工日	工日	0.029	0.048	0.010
	高级技工	工日	0.029	0.048	0.010
材料	其他材料费	元	0.09	0.09	—
仪表	网络测试仪	台班	0.030	—	0.010
	对讲机（一对）	台班	0.030	0.050	0.030
	宽行打印机	台班	0.010	0.010	0.010
	笔记本电脑	台班	0.010	—	0.010
	光纤测试仪	台班	—	0.030	—

第三章　建筑设备自动化系统工程

说　　明

一、本章内容包括建筑设备自动化系统工程。其中包括能耗检测系统、建筑设备监控系统。

二、本章不包括设备的支架、支座制作。

三、本系统中用到的服务器、网络设备、工作站、软件等项目执行本册第一章相关内容；跳线制作、跳线安装、箱体安装等项目执行本册第二章相关内容。

工程量计算规则

一、基表及控制设备、第三方设备通信接口安装、系统安装、调试,以"个"为计量单位。

二、中心管理系统调试、控制网络通信设备安装、控制器安装、流量计安装、调试,以"台"为计量单位。

三、建筑设备监控系统中央管理系统安装、调试,以"系统"为计量单位。

四、温、湿度传感器、压力传感器、电量变送器和其他传感器及变送器,以"支"为计量单位。

五、阀门及电动执行机构安装、调试,以"个"为计量单位。

六、系统调试、系统试运行,以"系统"为计量单位。

一、建筑设备监控系统安装、调试

1.中央管理系统安装、调试

工作内容：软件安装,点位建立,组态编程,功能测试。 计量单位:系统

编 号		5-3-1	5-3-2	5-3-3
项 目		中央管理系统安装、调试（点以内）		
		500	1 000	2 000
名 称	单位	消 耗 量		
人 合计工日	工日	30.000	50.000	80.000
工 高级技工	工日	30.000	50.000	80.000
材 打印纸 132-1	箱	0.400	0.800	1.500
料 其他材料费	元	2.20	3.00	3.50
仪 宽行打印机	台班	5.000	10.000	20.000
表 笔记本电脑	台班	20.000	47.000	107.000

工作内容：软件安装,点位建立,组态编程,功能测试。 计量单位:系统

编 号		5-3-4	5-3-5	5-3-6
项 目		中央管理系统安装、调试（点）		
		3 500 以下	5 000 以下	5 000 以上,每增加 500
名 称	单位	消 耗 量		
人 合计工日	工日	150.000	220.000	20.000
工 高级技工	工日	150.000	220.000	20.000
材 打印纸 132-1	箱	2.500	3.200	0.300
料 其他材料费	元	4.00	4.50	2.20
仪 宽行打印机	台班	40.000	80.000	15.000
表 笔记本电脑	台班	240.000	500.000	70.000

2. 通信网络控制设备安装、调试

工作内容：设备开箱检验、就位安装、连接、软件功能检测、单体测试。 计量单位：个

编　号			5-3-7	5-3-8	5-3-9	5-3-10
项　目			终端电阻	干线连接器	干线隔离/扩充器	通信接口卡
名　称		单位	消　耗　量			
人工	合计工日	工日	0.100	0.500	0.600	0.600
	一般技工	工日	0.100	0.500	0.600	0.600
材料	其他材料费	元	0.91	1.80	1.82	0.91
仪表	工业用真有效值万用表	台班	0.040	0.050	0.050	—
	笔记本电脑	台班	—	—	—	0.300

3. 控制器安装、调试

工作内容：设备开箱检验、固定安装、连接接线。 计量单位：台

编　号			5-3-11	5-3-12	5-3-13	5-3-14
项　目			控制器安装及接线（点）			
			24 以下	40 以下	60 以下	60 以上，每增加 20
名　称		单位	消　耗　量			
人工	合计工日	工日	1.200	1.500	2.000	1.000
	一般技工	工日	1.200	1.500	2.000	1.000
材料	冷压端子 $\phi6$ 孔	个	72.000	120.000	180.000	60.000
	尼龙扎带（综合）	根	48.000	80.000	120.000	40.000
	标志牌	个	120.000	120.000	180.000	30.000
	其他材料费	元	2.50	3.40	5.00	2.00
机械	手动液压叉车	台班	0.240	0.300	0.400	—
仪表	工业用真有效值万用表	台班	0.400	0.600	1.000	0.300
	对讲机（一对）	台班	0.300	0.400	0.500	0.250

工作内容：软件功能检测、单体调试。　　　　　　　　　　　　　　　　　　　　**计量单位：**台

编　号		5-3-15	5-3-16	5-3-17	5-3-18
项　目		控制器设置、调试（点）			
		24 以下	40 以下	60 以下	60 以上，每增加 20
名　称	单位	消　耗　量			
人工	合计工日	工日	6.000	8.000	10.000	5.000
	高级技工	工日	6.000	8.000	10.000	5.000
材料	其他材料费	元	3.00	3.00	3.00	1.20
仪表	工业用真有效值万用表	台班	1.000	1.500	2.000	1.000
	笔记本电脑	台班	4.000	6.000	8.000	3.500
	对讲机（一对）	台班	3.000	4.000	5.000	2.000

工作内容：设备开箱检验、固定安装、连接、软件功能检测、单体测试。　　　　**计量单位：**台

编　号		5-3-19	5-3-20
项　目		远端模块（点以下）	
		12	24
名　称	单位	消　耗　量	
人工	合计工日	工日	4.000	6.000
	高级技工	工日	4.000	6.000
材料	冷压端子 φ6 孔	个	36.000	72.000
	U 形卡子	个	10.000	20.000
	其他材料费	元	2.82	3.04
仪表	工业用真有效值万用表	台班	1.000	1.500
	笔记本电脑	台班	2.000	3.000
	对讲机（一对）	台班	2.000	3.000

工作内容：设备开箱检验、固定安装、连接、软件功能检测、单体测试。　　　　　　　　　　　计量单位：台

编　号			5-3-21	5-3-22	5-3-23	5-3-24	5-3-25
项　目			定风量控制器	压差控制器	温度／湿度控制器	变风量控制器	气动输出模块
名　称		单位	消　耗　量				
人工	合计工日	工日	1.000	0.800	0.350	0.800	0.200
	一般技工	工日	1.000	0.800	0.350	0.800	0.200
材料	冷压端子 φ6 孔	个	10.000	5.000	6.000	10.000	4.000
	U 形卡子	个	20.000	15.000	15.000	20.000	5.000
	其他材料费	元	4.31	3.50	3.87	5.00	3.81
仪表	数字温度计	台班	—	—	0.100	—	—
	工业用真有效值万用表	台班	0.200	0.200	0.050	0.200	0.050
	笔记本电脑	台班	0.350	0.300	—	0.250	—
	数字示波器	台班	0.150	0.150	0.100	0.100	—

工作内容：设备开箱检验、固定安装、连接、软件功能检测、单体测试。　　　　　　　　　　　计量单位：台

编　号			5-3-26	5-3-27	5-3-28	5-3-29	5-3-30
项　目			风机盘管温控器	联网型风机盘管温控器	房间空气压力控制器		手操器
					电子输出	气动输出	
名　称		单位	消　耗　量				
人工	合计工日	工日	0.350	0.500	1.300	1.400	0.120
	一般技工	工日	0.350	0.500	1.300	1.400	0.120
材料	冷压端子 φ6 孔	个	5.000	5.000	5.000	5.000	5.000
	其他材料费	元	3.81	4.25	4.25	4.25	3.03
仪表	数字温度计	台班	0.050	0.100	—	—	—
	工业用真有效值万用表	台班	0.050	0.050	0.100	0.100	—
	数字示波器	台班	0.100	0.100	0.130	—	—

4. 第三方通信设备接口安装、调试

工作内容: 设备开箱检验、固定安装、连接、通电测试。　　　　　　　　　　　计量单位:个

编　号			5-3-31	5-3-32	5-3-33
项　目			电梯 / 冷水机组接口（点）		
			20 以下	50 以下	50 以上,每增加 30
名　称		单位	消　耗　量		
人工	合计工日	工日	4.000	6.000	2.000
	高级技工	工日	4.000	6.000	2.000
材料	冷压端子 $\phi 6$ 孔	个	40.000	100.000	50.000
	其他材料费	元	2.83	3.66	4.08
仪表	宽行打印机	台班	1.000	2.000	1.000
	笔记本电脑	台班	2.500	4.000	1.000
	工业用真有效值万用表	台班	1.000	1.000	0.500
	对讲机（一对）	台班	2.000	3.000	1.000

工作内容: 设备开箱检验、固定安装、连接、通电测试。　　　　　　　　　　　计量单位:个

编　号			5-3-34	5-3-35	5-3-36
项　目			智能配电设备 / 柴油发电机组接口（点）		
			20 以下	50 以下	50 以上,每增加 30
名　称		单位	消　耗　量		
人工	合计工日	工日	4.000	6.000	4.000
	高级技工	工日	4.000	6.000	4.000
材料	冷压端子 $\phi 6$ 孔	个	40.000	100.000	50.000
	其他材料费	元	2.83	4.22	3.08
仪表	宽行打印机	台班	1.000	2.000	1.000
	笔记本电脑	台班	2.500	4.000	2.000
	工业用真有效值万用表	台班	0.200	0.300	0.200
	对讲机（一对）	台班	2.000	2.500	1.500

工作内容：设备开箱检验、固定安装、连接、通电测试。 计量单位：个

编　　号			5-3-37	5-3-38	5-3-39
项　　目			VRV 接口	变频器接口	集成系统接口
名　　称		单位	消　耗　量		
人工	合计工日	工日	6.000	6.000	30.000
	高级技工	工日	6.000	6.000	30.000
材料	其他材料费	元	4.21	4.59	0.98
仪表	宽行打印机	台班	1.000	1.000	5.000
	笔记本电脑	台班	3.000	3.000	25.000
	工业用真有效值万用表	台班	1.000	1.000	—
	对讲机（一对）	台班	2.000	2.000	5.000

5. 传感器安装、调试

工作内容：设备开箱检验、固定安装、连接、单体测试。 计量单位：支

编　　号			5-3-40	5-3-41
项　　目			风管式温度传感器、风管式湿度传感器	风管式温度湿度传感器
名　　称		单位	消　耗　量	
人工	合计工日	工日	0.450	0.550
	一般技工	工日	0.450	0.550
材料	冷压端子 φ6 孔	个	5.000	8.000
	U 形卡子	个	10.000	10.000
	其他材料费	元	3.97	4.09
仪表	数字温度计	台班	0.060	0.060
	工业用真有效值万用表	台班	0.050	0.050

工作内容：设备开箱检验、固定安装、连接、单体测试。　　　　　　　　　　　　　　**计量单位：**支

编　号			5-3-42	5-3-43	5-3-44	5-3-45	5-3-46
项　目			室内壁挂式温度传感器、室内壁挂式湿度传感器	室内壁挂式温度湿度传感器	室外壁挂式温度传感器	室外壁挂式湿度传感器	室外壁挂式温度湿度传感器
名　称		单位	消　耗　量				
人工	合计工日	工日	0.400	0.400	0.700	0.700	0.800
	一般技工	工日	0.400	0.400	0.700	0.700	0.800
材料	冷压端子 $\phi 6$ 孔	个	5.000	8.000	8.000	5.000	5.000
	U 形卡子	个	10.000	10.000	10.000	10.000	10.000
	其他材料费	元	2.60	2.60	4.62	4.62	4.62
仪表	数字温度计	台班	0.060	0.060	0.040	0.050	0.060
	工业用真有效值万用表	台班	0.050	0.050	0.050	0.050	0.050

工作内容：设备开箱检验、固定安装、连接、单体测试。　　　　　　　　　　　　　　**计量单位：**支

编　号			5-3-47	5-3-48
项　目			接触式温度传感器	无线温湿度传感器
名　称		单位	消　耗　量	
人工	合计工日	工日	0.100	0.100
	一般技工	工日	0.100	0.100
材料	冷压端子 $\phi 6$ 孔	个	5.000	5.000
	U 形卡子	个	5.000	5.000
	其他材料费	元	4.99	2.00
仪表	数字温度计	台班	0.060	0.050
	工业用真有效值万用表	台班	0.050	0.050

工作内容：设备开箱检验、固定安装、连接、单体测试。　　　　　　　　　　　　　　计量单位：支

编　号			5-3-49	5-3-50
项　目			浸入式温度传感器	
			普通型	防爆型
名　称		单位	消　耗　量	
人工	合计工日	工日	0.500	0.800
	一般技工	工日	0.500	0.800
材料	冷压端子 $\phi6$ 孔	个	5.000	5.000
	U形卡子	个	8.000	8.000
	其他材料费	元	3.51	4.90
仪表	数字温度计	台班	0.050	0.050
	工业用真有效值万用表	台班	0.050	0.050

工作内容：设备开箱检查、固定安装、接线、单体测试。　　　　　　　　　　　　　　计量单位：支

编　号			5-3-51	5-3-52	5-3-53
项　目			水道压力传感器	水管压差传感器	液体流量开关
名　称		单位	消　耗　量		
人工	合计工日	工日	0.900	0.300	0.300
	一般技工	工日	0.900	0.300	0.300
材料	冷压端子 $\phi6$ 孔	个	5.000	5.000	5.000
	U形卡子	个	16.000	8.000	8.000
	其他材料费	元	4.90	3.20	3.20
仪表	工业用真有效值万用表	台班	0.050	0.050	0.050
	数字精密压力表	台班	0.060	0.060	—

工作内容:设备开箱检查、固定安装、接线、单体测试。　　　　　　　　　　**计量单位:**支

编　号		5-3-54	
项　目		空气压差开关、静压压差变送器、风管式静压变送器	
名　称	单位	消　耗　量	
人工	合计工日	工日	0.500
	一般技工	工日	0.500
材料	冷压端子 φ6 孔	个	5.000
	U 形卡子	个	6.000
	其他材料费	元	3.60
仪表	工业用真有效值万用表	台班	0.050
	数字精密压力表	台班	0.050

6. 电动调节阀执行机构安装、调试

工作内容:开箱、检查、执行器固定安装、接线、单体测试。　　　　　　　　　　**计量单位:**个

编　号		5-3-55	5-3-56	5-3-57	5-3-58
项　目		电动风阀执行机构（力矩 N·m）			
		4 以下	16 以下	24 以下	24 以上
名　称	单位	消　耗　量			
人工	合计工日	工日	0.500	0.500	0.750	0.900
	一般技工	工日	0.500	0.500	0.750	0.900
材料	冷压端子 φ6 孔	个	5.000	5.000	5.000	5.000
	U 形卡子	个	8.000	10.000	12.000	16.000
	其他材料费	元	3.50	3.80	4.10	4.35
仪表	工业用真有效值万用表	台班	0.060	0.060	0.060	0.060

工作内容： 开箱、检查、执行器固定安装、接线、单体测试。　　　　　　　　　　　　　　　　　　　**计量单位：** 个

编　　号			5-3-59	5-3-60	5-3-61	5-3-62
项　　目			电动水阀执行机构（力矩 N·m）			
			10 以下	25 以下	50 以下	50 以上
名　　称		单位	消　耗　量			
人工	合计工日	工日	0.750	0.900	1.250	1.500
	一般技工	工日	0.750	0.900	1.250	1.500
材料	冷压端子 φ6 孔	个	5.000	5.000	5.000	5.000
	U 形卡子	个	8.000	10.000	12.000	16.000
	其他材料费	元	3.50	3.90	4.30	4.80
机械	手动液压叉车	台班	0.150	0.180	0.250	0.300
仪表	工业用真有效值万用表	台班	0.060	0.060	0.060	0.060

工作内容： 开箱、检查、法兰焊接、制垫、固定安装、接线、水压试验、单体测试。　　　　　　　　**计量单位：** 个

编　　号			5-3-63	5-3-64	5-3-65
项　　目			电动蝶阀及执行机构（公称直径 mm 以内）		
			DN100	DN250	DN400
名　　称		单位	消　耗　量		
人工	合计工日	工日	0.750	0.950	1.500
	一般技工	工日	0.750	0.950	1.500
材料	冷压端子 φ6 孔	个	5.000	5.000	5.000
	U 形卡子	个	12.000	20.000	30.000
	其他材料费	元	3.70	4.20	4.90
机械	平台作业升降车 9m	台班	—	0.800	1.200
	手动液压叉车	台班	0.150	0.190	0.300
仪表	工业用真有效值万用表	台班	0.100	0.100	0.100

工作内容:检查、接线、绝缘测试。 **计量单位:**个

编 号		5-3-66	5-3-67	5-3-68	5-3-69	5-3-70
项 目		启动柜接点接线（点以内）				变压器温度接线
		5	10	20	35	
名 称	单位	消 耗 量				
人工	合计工日	工日	0.500	1.000	2.000	3.000	0.120
	一般技工	工日	0.500	1.000	2.000	3.000	0.120
材料	冷压端子 φ6 孔	个	15.000	30.000	60.000	105.000	5.000
	U 形卡子	个	10.000	20.000	40.000	70.000	20.000
	其他材料费	元	2.30	2.50	3.50	5.00	3.81
仪表	工业用真有效值万用表	台班	0.200	0.400	0.800	1.500	0.100
	对讲机（一对）	台班	0.200	0.400	0.800	1.200	0.200

7. 分系统调试

工作内容:分系统调试、现场测量、记录、对比、调整。 **计量单位:**系统

编 号		5-3-71	5-3-72	5-3-73
项 目		暖通空调监控分系统调试（点）		
		100 以下	200 以下	200 以上，每增加 50
名 称	单位	消 耗 量		
人工	合计工日	工日	10.000	22.000	8.000
	高级技工	工日	10.000	22.000	8.000
材料	打印纸 132–1	箱	0.100	0.150	0.020
	棉丝	kg	2.000	4.000	0.500
	其他材料费	元	1.12	2.24	0.70
仪表	宽行打印机	台班	2.000	5.000	0.800
	工业用真有效值万用表	台班	5.000	12.000	4.000
	笔记本电脑	台班	5.000	12.000	4.000
	对讲机（一对）	台班	6.000	15.000	5.000
	数字示波器	台班	1.000	2.000	0.800
	过程仪表	台班	2.000	4.000	1.600
	烟气分析仪	台班	1.000	2.000	0.800
	数字压差计	台班	1.000	2.000	0.800
	风压风速风量仪	台班	1.000	2.000	0.800
	数字温度计	台班	1.000	2.000	0.800

工作内容: 分系统调试、现场测量、记录、对比、调整。　　　　　　　　　　　　　计量单位:系统

编　号		5-3-74	5-3-75	5-3-76
项　目		给排水监控分系统调试(点)		
		50 以下	100 以下	100 以上,每增加 20
名　称	单位	消　耗　量		
人工	合计工日	工日	6.000	15.000	3.000
	高级技工	工日	6.000	15.000	3.000
材料	打印纸 132-1	箱	0.050	0.120	0.030
	棉丝	kg	1.000	2.000	0.300
	其他材料费	元	1.50	2.96	0.40
仪表	宽行打印机	台班	1.000	2.000	0.300
	工业用真有效值万用表	台班	2.000	4.000	1.000
	笔记本电脑	台班	2.000	4.000	1.000
	对讲机(一对)	台班	3.000	6.000	1.500

工作内容: 分系统调试、现场测量、记录、对比、调整。　　　　　　　　　　　　　计量单位:系统

编　号		5-3-77	5-3-78	5-3-79
项　目		公共照明监控分系统调试(点)		
		100 以下	200 以下	200 以上,每增加 50
名　称	单位	消　耗　量		
人工	合计工日	工日	10.000	22.000	8.000
	高级技工	工日	10.000	22.000	8.000
材料	打印纸 132-1	箱	0.100	0.150	0.020
	棉丝	kg	2.000	4.000	0.500
	其他材料费	元	1.12	2.24	0.70
仪表	宽行打印机	台班	2.000	5.000	0.800
	工业用真有效值万用表	台班	5.000	12.000	4.000
	笔记本电脑	台班	5.000	12.000	4.000
	对讲机(一对)	台班	6.000	15.000	5.000

工作内容： 软件安装，通信测试，系统开发，能耗分析，系统 KPI 分析，系统调试。 **计量单位：** 系统

编　　号			5-3-80	5-3-81	5-3-82
项　　目			能耗监测分系统调试（点）		
			100 以下	200 以下	200 以上，每增加 50
名　　称		单位	消　耗　量		
人工	合计工日	工日	10.000	22.000	8.000
	高级技工	工日	10.000	22.000	8.000
材料	打印纸 132-1	箱	0.100	0.150	0.020
	棉丝	kg	2.000	4.000	0.500
	其他材料费	元	1.12	2.24	0.70
仪表	宽行打印机	台班	2.000	5.000	0.800
	工业用真有效值万用表	台班	5.000	12.000	4.000
	笔记本电脑	台班	5.000	15.000	5.000
	对讲机（一对）	台班	6.000	15.000	5.000

工作内容： 分系统调试、现场测量、记录、对比、调整。 **计量单位：** 系统

编　　号			5-3-83	5-3-84	5-3-85
项　　目			电梯和自动扶梯监测分系统调试（点）		
			50 以下	100 以下	100 以上，每增加 20
名　　称		单位	消　耗　量		
人工	合计工日	工日	6.000	15.000	3.000
	高级技工	工日	6.000	15.000	3.000
材料	打印纸 132-1	箱	0.050	0.120	0.030
	棉丝	kg	1.000	2.000	0.300
	其他材料费	元	1.50	2.96	0.40
仪表	宽行打印机	台班	1.000	2.000	0.300
	工业用真有效值万用表	台班	2.000	4.000	1.000
	笔记本电脑	台班	2.000	4.000	1.000
	对讲机（一对）	台班	3.000	6.000	1.500

8. 建筑设备监控系统调试

工作内容：系统调试、现场测量、记录、对比、调整。　　　　　　　　　　　　　　　　　计量单位：系统

	编　号		5-3-86	5-3-87	5-3-88
	项　目		系统调试（点以内）		
			500	1 000	2 000
	名　称	单位	消　耗　量		
人工	合计工日	工日	30.000	50.000	80.000
	高级技工	工日	30.000	50.000	80.000
材料	打印纸 132−1	箱	0.100	0.200	0.500
	棉丝	kg	2.000	4.000	10.000
	其他材料费	元	2.50	3.50	4.50
仪表	宽行打印机	台班	2.000	5.000	15.000
	工业用真有效值万用表	台班	6.000	14.000	32.000
	笔记本电脑	台班	15.000	35.000	80.000
	对讲机（一对）	台班	18.000	42.000	96.000
	数字示波器	台班	1.000	2.000	5.000
	过程仪表	台班	1.000	2.000	5.000
	烟气分析仪	台班	1.000	2.000	5.000
	数字压差计	台班	1.000	2.000	5.000
	风压风速风量仪	台班	1.000	2.000	5.000
	数字温度计	台班	1.000	2.000	5.000

工作内容：系统调试、现场测量、记录、对比、调整。　　　　　　　　　　　　　　　　**计量单位：**系统

编　号		5-3-89	5-3-90	5-3-91
项　目		系统调试（点）		
		3 500 以下	5 000 以下	5 000 以上，每增加 500
名　称	单位	消　耗　量		
人工 合计工日	工日	150.000	220.000	20.000
高级技工	工日	150.000	220.000	20.000
材料 打印纸 132-1	箱	1.500	2.200	0.300
棉丝	kg	25.000	50.000	2.000
其他材料费	元	3.60	4.90	4.54
仪表 宽行打印机	台班	40.000	80.000	3.000
工业用真有效值万用表	台班	70.000	160.000	7.000
笔记本电脑	台班	175.000	375.000	50.000
对讲机（一对）	台班	210.000	450.000	60.000
数字示波器	台班	10.000	20.000	2.000
过程仪表	台班	10.000	20.000	2.000
烟气分析仪	台班	10.000	20.000	2.000
数字压差计	台班	10.000	20.000	2.000
数字温度计	台班	10.000	20.000	2.000
风压风速风量仪	台班	10.000	20.000	2.000

9. 建筑设备监控系统试运行

工作内容: 系统调试完成, 系统试运行, 数据检测记录, 问题处理, 完成试运行报告。　　**计量单位:** 系统

编　号			5-3-92	5-3-93
项　目			系统试运行（点）	
			500 以下	500 以上, 每增加 500
名　称		单位	消　耗　量	
人工	合计工日	工日	45.000	30.000
	高级技工	工日	45.000	30.000
材料	打印纸 132–1	箱	0.400	0.300
	棉丝	kg	10.000	8.000
	其他材料费	元	4.09	3.50
仪表	宽行打印机	台班	5.000	—
	工业用真有效值万用表	台班	5.000	5.000
	笔记本电脑	台班	5.000	5.000
	对讲机（一对）	台班	15.000	5.000
	数字示波器	台班	5.000	—
	数字温度计	台班	5.000	—

二、能耗监测系统安装、调试

1. 控制设备安装、调试

工作内容: 开箱检查、安装、接线、单体测试。　　**计量单位:** 个

编　号			5-3-94	5-3-95	5-3-96	5-3-97
项　目			远传冷/热水表		远传脉冲电表	空调节能表
			螺纹连接	法兰连接		
名　称		单位	消　耗　量			
人工	合计工日	工日	0.350	0.500	0.350	0.450
	一般技工	工日	0.350	0.500	0.350	0.450
材料	冷压端子 φ6 孔	个	5.000	5.000	5.000	5.000
	U 形卡子	个	8.000	8.000	8.000	8.000
	其他材料费	元	4.29	3.61	3.91	3.91
机械	手动液压叉车	台班	—	0.100	—	—
仪表	工业用真有效值万用表	台班	0.050	0.050	0.050	0.050

工作内容: 开箱检查、安装、接线、单体测试。　　　　　　　　　　　　　　　　计量单位:个

编　号			5-3-98	5-3-99
项　目			远传煤气表、远传蒸汽表、远传氧气表	远传冷/热量表
名　称		单位	消　耗　量	
人工	合计工日	工日	0.550	0.650
	一般技工	工日	0.550	0.650
材料	冷压端子 φ6 孔	个	5.000	5.000
	U 形卡子	个	8.000	8.000
	其他材料费	元	4.35	4.35
仪表	工业用真有效值万用表	台班	0.050	0.050

2. 采集系统安装、调试

工作内容: 开箱检查、固定安装、接线、单体测试。　　　　　　　　　　　　　计量单位:个

编　号			5-3-100	5-3-101	5-3-102
项　目			动力载波抄表集中器	集中式远程总线抄表采集器	集中式远程总线抄表主机
名　称		单位	消　耗　量		
人工	合计工日	工日	0.350	0.500	2.100
	一般技工	工日	0.350	0.500	2.100
材料	冷压端子 φ6 孔	个	8.000	10.000	10.000
	U 形卡子	个	10.000	20.000	30.000
	其他材料费	元	4.21	4.39	4.96
仪表	工业用真有效值万用表	台班	0.050	0.050	0.050

工作内容: 开箱检查、固定安装、接线、单体测试。 计量单位: 个

编 号			5-3-103	5-3-104	5-3-105
项 目			分散式远程总线抄表采集器	分散式远程总线抄表主机	抄表控制箱
名 称		单位	消 耗 量		
人工	合计工日	工日	1.300	0.900	0.300
	一般技工	工日	1.300	0.900	0.300
材料	冷压端子 $\phi6$ 孔	个	20.000	20.000	20.000
	U 形卡子	个	30.000	30.000	30.000
	其他材料费	元	4.68	4.29	4.17
仪表	工业用真有效值万用表	台班	0.100	0.200	0.100

工作内容: 开箱检查、固定安装、接线、单体测试。 计量单位: 个

编 号			5-3-106	5-3-107	5-3-108
项 目			多表采集智能终端（含控制）	多表采集智能终端调试	读表器
名 称		单位	消 耗 量		
人工	合计工日	工日	0.450	1.500	0.160
	一般技工	工日	0.450	1.500	0.160
材料	冷压端子 $\phi6$ 孔	个	30.000	4.000	6.000
	U 形卡子	个	10.000	—	8.000
	其他材料费	元	3.59	3.02	3.14
仪表	工业用真有效值万用表	台班	0.100	0.100	—

工作内容: 开箱检查、固定安装、接线、单体测试。 **计量单位:** 个

	编　号		5-3-109	5-3-110	5-3-111	5-3-112
	项　目		采集器电源	通信接口卡	便携式抄收仪	分线器
	名　称	单位	消　耗　量			
人工	合计工日	工日	0.500	1.200	0.200	0.130
	一般技工	工日	0.500	1.200	0.200	0.130
材料	其他材料费	元	4.67	4.12	3.01	3.63
仪表	宽行打印机	台班	—	0.200	—	—
	工业用真有效值万用表	台班	0.100	0.100	—	—
	笔记本电脑	台班	—	0.500	—	—

3. 中心管理系统安装、调试

工作内容: 设备开箱检验、就位安装、接线、软件安装、调试。 **计量单位:** 个

	编　号		5-3-113
	项　目		通信接口转换器
	名　称	单位	消　耗　量
人工	合计工日	工日	0.300
	一般技工	工日	0.300
材料	其他材料费	元	4.74
仪表	宽行打印机	台班	0.100
	工业用真有效值万用表	台班	0.050
	笔记本电脑	台班	0.100

4. 电量变送器安装、调试

工作内容：设备开箱检查、固定安装、接线、单体测试。 　　　　　　　　　　　　计量单位：支

编　号			5-3-114
项　目			电量变送器
名　称		单位	消　耗　量
人工	合计工日	工日	1.000
	一般技工	工日	1.000
材料	冷压端子 φ6 孔	个	8.000
	U 形卡子	个	6.000
	其他材料费	元	3.50
仪表	工业用真有效值万用表	台班	0.050

5. 其他传感器及变送器安装、调试

工作内容：设备开箱检查、固定安装、接线、单体测试。 　　　　　　　　　　　　计量单位：支

编　号			5-3-115	5-3-116
项　目			风道式空气质量传感器、风道式烟感探测器、风道式气体探测器	室内壁挂式空气质量传感器
名　称		单位	消　耗　量	
人工	合计工日	工日	0.500	0.400
	一般技工	工日	0.500	0.400
材料	冷压端子 φ6 孔	个	5.000	5.000
	U 形卡子	个	4.000	4.000
	其他材料费	元	3.77	3.60
仪表	工业用真有效值万用表	台班	0.050	0.100

工作内容：设备开箱检查、固定安装、接线、单体测试。　　　　　　　　　　　　　**计量单位**：支

	编　号		5-3-117	5-3-118	5-3-119
	项　目		室内壁挂式空气传感器、风速传感器	防霜冻开关	液位开关
	名　称	单位	消　耗　量		
人工	合计工日	工日	0.400	0.300	0.400
	一般技工	工日	0.400	0.300	0.400
材料	冷压端子 $\phi 6$ 孔	个	5.000	3.000	3.000
	U 形卡子	个	4.000	4.000	4.000
	其他材料费	元	3.60	3.60	3.60
仪表	工业用真有效值万用表	台班	0.040	0.040	0.040

工作内容：开箱、检验、固定安装、接线、密封、单体测试。　　　　　　　　　　　**计量单位**：套

	编　号		5-3-120	5-3-121
	项　目		静压液位变送器	
			普通型	防爆型
	名　称	单位	消　耗　量	
人工	合计工日	工日	0.750	0.800
	一般技工	工日	0.750	0.800
材料	冷压端子 $\phi 6$ 孔	个	5.000	5.000
	U 形卡子	个	6.000	12.000
	其他材料费	元	2.50	4.30
仪表	工业用真有效值万用表	台班	0.050	0.050

工作内容: 开箱、检验、固定安装、接线、密封、单体测试。   计量单位: 套

	编　号		5-3-122	5-3-123
	项　目		液位计	
			普通型	防爆型
	名　称	单位	消　耗　量	
人工	合计工日	工日	0.750	0.800
	一般技工	工日	0.750	0.800
材料	冷压端子 $\phi 6$ 孔	个	5.000	5.000
	U 形卡子	个	10.000	18.000
	其他材料费	元	3.70	4.90
仪表	工业用真有效值万用表	台班	0.050	0.050

工作内容: 开箱、检验、固定安装、接线、密封、单体测试。   计量单位: 套

	编　号		5-3-124	5-3-125	5-3-126
	项　目		电磁流量计	涡街流量计	超声波流量计
	名　称	单位	消　耗　量		
人工	合计工日	工日	1.800	1.850	2.000
	一般技工	工日	1.800	1.850	2.000
材料	冷压端子 $\phi 6$ 孔	个	5.000	5.000	5.000
	U 形卡子	个	8.000	12.000	6.000
	其他材料费	元	4.98	4.98	4.98
仪表	工业用真有效值万用表	台班	0.100	0.100	0.100
	超声波流量计	台班	0.500	0.500	0.500

工作内容: 开箱、检验、开孔、划线、固定安装、接线、密封、单体测试。　　　　　　　　　　　　　　　　**计量单位:** 套

编　　号		5-3-127	5-3-128
项　　目		弯管流量计、转子流量计	光照度传感计
名　　称	单位	消　耗　量	
人工　合计工日	工日	2.000	1.500
一般技工	工日	2.000	1.500
材料　冷压端子 $\phi6$ 孔	个	5.000	5.000
U 形卡子	个	12.000	6.000
其他材料费	元	4.98	4.47
仪表　工业用真有效值万用表	台班	0.100	0.100
超声波流量计	台班	0.500	—

三、智能照明系统

工作内容: 定位划线、开孔、安装盒体、连接处密封、做标记、接地。　　　　　　　　　　　　　　　　**计量单位:** 个

编　　号		5-3-129	5-3-130
项　　目		智能家居控制箱（半周长 mm）	
		700 以下	700 以上
名　　称	单位	消　耗　量	
人工　合计工日	工日	0.360	0.520
一般技工	工日	0.360	0.520
材料　智能家居控制箱	个	（1.000）	（1.000）
铜芯塑料绝缘电线 BV–16mm²	m	3.060	3.060
铜端子 16mm²	个	2.020	2.020
其他材料费	元	1.80	1.80
仪表　钳形接地电阻测试仪	台班	0.250	0.250

工作内容:测位、划线、打眼、埋螺栓、安装固定面板、接线、调校。　　　　　　　　　**计量单位:**个

	编　号		5-3-131
	项　目		智能控制面板
	名　称	单位	消　耗　量
人工	合计工日	工日	0.081
	一般技工	工日	0.081
材料	智能控制面板	个	（1.000）
	半圆头镀锌螺栓 M（2~5）×（15~50）	套	2.080
	铜芯塑料绝缘电线 BV-2.5mm²	m	0.305
	其他材料费	元	1.80

工作内容:测位、划线、打眼、埋螺栓、装开关、接线、调校。　　　　　　　　　　　**计量单位:**套

	编　号		5-3-132	5-3-133	5-3-134
	项　目		红外感应开关	声控延时开关	按键延时开关
	名　称	单位	消　耗　量		
人工	合计工日	工日	0.053	0.053	0.053
	一般技工	工日	0.053	0.053	0.053
材料	红外感应开关	个	（1.020）	—	—
	声控延时开关（红外线感应）	个	—	（1.020）	—
	按键延时开关	个	—	—	（1.020）
	半圆头镀锌螺栓 M（2~5）×（15~50）	套	2.080	2.080	2.080
	铜芯塑料绝缘电线 BV-2.5mm²	m	0.305	0.305	0.305
	其他材料费	元	1.80	1.80	1.80

第四章　有线电视、卫星接收系统工程

说　　明

一、本章内容包括有线广播电视、卫星电视、闭路电视系统设备的安装调试工程。

二、本章不包括以下工作内容。

1. 同轴电缆敷设、电缆头制作等项目执行本册第二章相关内容。

2. 监控设备等项目执行本册第六章相关内容。

3. 其他辅助工程项目执行本册第二章相关内容。

4. 所有设备按成套设备购置考虑,在安装时如再需额外材料按实计算。

工程量计算规则

一、前端射频设备安装、调试,以"套"为计量单位。

二、卫星电视接收设备、光端设备、有线电视系统管理设备安装、调试,以"台"为计量单位。

三、干线传输设备、分配网络设备安装、调试,以"个"为计量单位。

四、数字电视设备安装、调试,以"台"为计量单位。

一、电视墙安装

工作内容：开箱检查、机架组装、划线、定位、安装机架电源、安装机架电视信号分配系统、电视机、机架接地。

编　　号		5-4-1	5-4-2	5-4-3	5-4-4
项　目		电视机（台）	电视墙架（台以内）		操作台
			12	24	单工位
单　位		台	套		
名　　称	单位	消　耗　量			
人工　合计工日	工日	0.300	6.000	12.000	1.200
一般技工	工日	0.300	6.000	12.000	1.200
材料　插座	个	—	（12.000）	（24.000）	—
地脚螺栓 M14×（120~230）	套	—	6.120	12.240	—
铜芯塑料绝缘电线 BV-6mm²	m	2.040	—	—	—
接地线 1×16mm²	m	—	2.040	2.040	2.040
铜端子 6mm²	个	2.040	—	—	—
铜端子 16mm²	个	—	2.040	2.040	2.040
射频电缆 SYV-75-5-1	m	—	25.380	50.750	—
插头 F 型 75-7	个	—	28.280	56.560	—
插头	个	—	24.240	48.480	—
机械　手动液压叉车	台班	—	0.500	0.500	0.240
仪表　钳形接地电阻测试仪	台班	—	0.050	0.050	—

二、设备安装、调试

1. 前端射频设备安装、调试

（1）前端射频设备安装

工作内容：搬运、开箱清点、通电检查、就位、制作接头、对线标记、扎线、清理施工现场。 **计量单位：**台

编　号		5-4-5	5-4-6	5-4-7	5-4-8
项　目		邻频前端（个）		电视解调器	中频解调器
		12 个频道	每增 1 个频道	固定频道、捷变频道	
名　称	单位	消　耗　量			
人工	合计工日	工日	2.300	0.250	0.250	0.250
	一般技工	工日	2.300	0.250	0.250	0.250
材料	电缆卡子（综合）	个	36.360	3.030	3.030	3.030
	标志牌	个	50.500	4.040	1.010	—
	插头 F 型 75-7	个	12.120	1.010	—	—
	射频电缆用 插头、插座	套	12.120	1.010	—	—
	射频电缆 SYV-75-5-1	m	203.000	18.270	5.080	5.080
	莲花插头	个	24.240	2.020	2.200	2.200
	同轴电缆	m	30.450	3.050	2.030	2.030
仪表	场强仪	台班	1.000	0.050	0.050	0.050

工作内容：搬运、开箱清点、通电检查、就位、制作接头、对线标记、扎线、清理施工现场。 **计量单位：**台

编　号		5-4-9	5-4-10	5-4-11
项　目		调制器	卫星电视节目接收机	前端混合器（路）
		有中频输出、无中频输出		16 以下
名　称	单位	消　耗　量		
人工	合计工日	工日	0.250	0.250	0.400
	一般技工	工日	0.250	0.250	0.400
材料	电缆卡子（综合）	个	3.030	3.030	18.000
	标志牌	个	1.010	1.010	—
	插头 F 型 75-7	个	2.020	2.020	19.190
	莲花插头	个	2.200	—	—
	同轴电缆	m	2.030	2.030	36.850
	双绞线缆	m	5.080	—	—
仪表	场强仪	台班	0.150	0.150	0.200

（2）前端射频设备系统调试

工作内容：调试各频道输入 RF 电平幅度，调试各频道的输出幅度及射频参数、填写调试报告。

编　号			5-4-12	5-4-13	5-4-14	5-4-15	5-4-16
项　目			邻频前端（个）		电视解调器		中频调制器
			12 个频道	每增 1 个频道	固定频道	捷变频道	
名　称		单位	消　耗　量				
人工	合计工日	工日	4.000	0.100	0.100	0.500	0.500
	高级技工	工日	4.000	0.100	0.100	0.500	0.500
仪表	频谱分析仪	台班	2.000	0.050	0.050	0.050	0.050

工作内容：调试各频道输入 RF 电平幅度，调试各频道的输出幅度及射频参数、
填写调试报告。　　　　　　　　　　　　　　　　　　　**计量单位：台**

编　号			5-4-17	5-4-18	5-4-19	5-4-20
项　目			捷变频调制器		卫星电视节目接收机	前端混合器（路）
			有中频输出	无中频输出		16 以下
名　称		单位	消　耗　量			
人工	合计工日	工日	0.750	0.500	0.500	0.150
	高级技工	工日	0.750	0.500	0.500	0.150
仪表	频谱分析仪	台班	0.750	0.500	0.150	0.150

（3）前端广播设备安装、调试

工作内容：搬运、开箱清点、通电检查、就位、调测记录、填写调试报告、扎线、清理
施工现场。　　　　　　　　　　　　　　　　　　　　　　　　　　计量单位：台

编　号		5-4-21	5-4-22	5-4-23
项　目		FM 调制器		调频解调器、DAB 调制器
		单频点	捷变器	
名　称	单位	消　耗　量		
人工　合计工日	工日	1.000	2.000	2.000
高级技工	工日	1.000	2.000	2.000
材料　电缆卡子（综合）	个	2.020	2.020	2.020
标志牌	个	1.010	1.010	1.010
射频电缆用 插头、插座	套	1.010	1.010	1.010
射频电缆 SYV-75-5-1	m	5.080	5.080	5.080
莲花插头	个	2.020	2.020	2.020
同轴电缆	m	2.020	2.020	2.020
仪表　频谱分析仪	台班	0.100	1.000	1.000

2. 卫星电视接收设备安装、调试

工作内容：搬运、开箱清点、通电检查、接线、安装固定、调试、记录、标记、扎线、清理
施工现场。　　　　　　　　　　　　　　　　　　　　　　　　　　计量单位：台

编　号		5-4-24	5-4-25	5-4-26	5-4-27
项　目		解码器（解压器）	数字信号转换器	卫星信号放大器	功分器
名　称	单位	消　耗　量			
人工　合计工日	工日	0.400	0.250	0.500	0.200
高级技工	工日	0.400	0.250	0.500	0.200
材料　铜芯塑料绝缘电线 BV-6mm²	m	2.040	2.040	2.040	2.040
铜端子 6mm²	个	2.040	2.040	2.040	2.040
插头 F 型 75-7	个	—	—	2.020	3.030
莲花插头	个	2.020	2.020	—	—
同轴电缆	m	—	—	2.020	10.150
射频电缆 SYV-75-5-1	m	40.600	40.600	—	—
仪表　场强仪	台班	0.300	0.200	0.400	0.100

3. 光端设备安装、调试

工作内容: 搬运、开箱检查、安装固定、接线。光跳线余长保护处理。安装标志牌,
调测记录,完成调测报告。　　　　　　　　　　　　　　　　　　　**计量单位:** 台

编　号		5-4-28	5-4-29	5-4-30	5-4-31
项　目		模拟光发射机			
		不带网管功能		带网管功能	
		直接调制	外调制	直接调制	外调制
名　称	单位	消　耗　量			
人工　合计工日	工日	3.000	4.000	3.500	4.500
高级技工	工日	3.000	4.000	3.500	4.500
材料　标志牌	个	1.010	1.010	1.010	1.010
仪表　场强仪	台班	1.500	2.000	1.500	2.000
光功率计	台班	1.500	2.000	1.500	2.000
光时域反射仪	台班	1.500	2.000	1.500	2.000

工作内容: 搬运、开箱检查、安装固定、接线。光跳线余长保护处理。安装标志牌,
调测记录,完成调测报告。　　　　　　　　　　　　　　　　　　　**计量单位:** 台

编　号		5-4-32	5-4-33
项　目		反向光接收机	
		不带网管	带网管
名　称	单位	消　耗　量	
人工　合计工日	工日	1.000	2.000
高级技工	工日	1.000	2.000
材料　标志牌	个	1.010	1.010
仪表　场强仪	台班	0.200	0.300
光功率计	台班	0.500	0.500
光时域反射仪	台班	0.200	0.300

工作内容:搬运、开箱检查、安装固定、接线。光跳线余长保护处理。安装标志牌，调测记录，完成调测报告。

计量单位:台

编　号		5-4-34	5-4-35	5-4-36
项　目		FM 光发射机	数字光发射机	光分路器
名　称	单位	消　耗　量		
人 工 合计工日	工日	6.000	6.000	1.000
高级技工	工日	6.000	6.000	1.000
材 料 标志牌	个	1.010	1.010	1.010
仪 表 场强仪	台班	1.000	2.000	0.200
光功率计	台班	1.000	2.000	0.500
光时域反射仪	台班	1.000	2.000	0.200

三、有线电视系统管理设备安装、调试

工作内容:搬运、开箱清点检查、安装固定、接线、安装标志牌，调试。

计量单位:台

编　号		5-4-37	5-4-38	5-4-39	5-4-40
项　目		视频加密器	数据调制器	数据分支器	数据控制器
名　称	单位	消　耗　量			
人 工 合计工日	工日	2.000	2.000	1.000	2.000
高级技工	工日	2.000	2.000	1.000	2.000
材 料 射频电缆 SYV-75-5-1	m	10.000	10.000	10.000	10.000
标志牌	个	1.010	1.010	1.010	1.010
莲花插头	个	2.020	—	—	—
同轴电缆	m	2.020	—	—	—
插头 F 型 75-7	个	2.020	—	—	—
仪 表 笔记本电脑	台班	—	1.000	0.800	—
工业用真有效值万用表	台班	0.300	0.300	0.200	0.300

工作内容： 搬运、开箱清点检查、安装固定、接线、安装标志牌，调试。　　　　　　计量单位：台

编　号			5-4-41	5-4-42	5-4-43	5-4-44
项　目			数据解调器	网络收费管理控制器	收费管理系统测试	网络管理系统测试
名　称		单位		消　耗　量		
人工	合计工日	工日	2.000	2.000	7.500	8.000
	高级技工	工日	2.000	2.000	7.500	8.000
材料	射频电缆 SYV-75-5-1	m	10.000	—	—	—
	标志牌	个	1.010	—	—	—
	双绞线缆	m	—	10.000	—	—
	冷压接线端头 RJ4r	个	—	2.020	—	—
仪表	笔记本电脑	台班	—	—	1.000	1.000
	工业用真有效值万用表	台班	0.300	0.300	—	—
	场强仪	台班	—	—	0.050	0.050

四、播控设备安装、调试

1. 播 控 台

工作内容： 开箱检查、划线、定位、本体安装、接线、接地。　　　　　　计量单位：台

编　号			5-4-45	5-4-46	5-4-47
项　目			播控台		
			≤1.2M	≤1.6M	≤2M 组合式
名　称		单位		消　耗　量	
人工	合计工日	工日	2.000	2.400	3.200
	一般技工	工日	2.000	2.400	3.200
材料	铜芯塑料绝缘电线 BV-16mm²	m	2.040	2.040	2.040
	铜端子 16mm²	个	2.040	2.040	2.040
	电缆卡子（综合）	个	505.000	505.000	505.000
机械	手动液压叉车	台班	0.400	0.480	0.500
仪表	钳形接地电阻测试仪	台班	0.050	0.050	0.050

2. 数字电视设备

（1）数字电视设备安装、调试

工作内容：开箱检验、布线连接、设备安装、设备标志、软件功能参数设置测试。　　　　　　　　**计量单位**：台

编　　号			5-4-48	5-4-49	5-4-50	5-4-51
项　　目			编码器	QAM 调制器	复用器	节目管理控制器
名　　称		单位	消　耗　量			
人工	合计工日	工日	1.000	2.000	2.000	1.000
	高级技工	工日	1.000	2.000	2.000	1.000
材料	双绞线缆	m	2.020	2.020	2.020	5.000
	冷压接线端头 RJ4r	个	1.010	1.010	1.010	2.020
	电缆卡子（综合）	个	8.010	5.050	12.120	2.020
	BNC-50KY 插头、插座	套	5.050	1.010	12.120	—
	插头	个	1.010	—	—	—
	射频电缆 SYV-75-3-1	m	5.050	1.010	12.120	2.040
	射频电缆 SYV-75-5-1	m	—	6.060	—	—
	标志牌	个	8.010	5.050	12.120	—
仪表	数据分析仪	台班	1.000	—	1.000	0.500
	频谱分析仪	台班	—	1.000	—	—

工作内容：开箱检查、接线、接地、本体安装、软件功能参数设置、系统调试、完成
自检测试报告。　　　　　　　　　　　　　　　　　　　　　　　**计量单位**：台

编　　号			5-4-52	5-4-53
项　　目			CA 加密机	加扰器
名　　称		单位	消　耗　量	
人工	合计工日	工日	2.000	2.000
	高级技工	工日	2.000	2.000
材料	双绞线缆	m	5.000	10.000
	冷压接线端头 RJ4r	个	2.020	2.020
	电缆卡子（综合）	个	—	2.020
	标志牌	个	1.010	1.010
	射频电缆 SYV-75-3-1	m	1.010	1.010
仪表	笔记本电脑	台班	0.500	0.500
	数据分析仪	台班	0.500	0.500

工作内容:开箱检查、接线、接地、本体安装、软件功能参数设置、系统调试、完成
　　　　自检测试报告。

计量单位:台

编　号		5-4-54	5-4-55
项　目		数字调制器	机顶盒
名　称	单位	消　耗　量	
人工 合计工日	工日	1.000	0.070
高级技工	工日	1.000	0.070
材料 射频电缆 SYV-75-5-1	m	5.000	5.000
标志牌	个	1.010	1.010
电缆卡子(综合)	个	2.020	2.020
仪表 笔记本电脑	台班	0.300	—

（2）网络管理设备安装、调试

工作内容:开箱检验、布线连接、设备安装、设备标志、软件功能参数设置测试。

计量单位:台

编　号		5-4-56	5-4-57
项　目		网络安全管理前端	
		信号处理器	报警控制器
名　称	单位	消　耗　量	
人工 合计工日	工日	1.000	1.000
高级技工	工日	1.000	1.000
材料 双绞线缆	m	2.020	4.040
冷压接线端头 RJ4r	个	1.010	1.010
射频电缆 SYV-75-5-1	m	5.050	—
标志牌	个	4.040	2.020
电缆卡子(综合)	个	2.020	2.020
仪表 笔记本电脑	台班	0.300	0.300

五、干线传输设备安装、调试

1. 干线传输设备安装

工作内容: 开箱检验、搬运、安装固定、固定尾缆(尾纤)、接地、标记。 计量单位:台

编　号		5-4-58	5-4-59	5-4-60
项　目		光接收机		
		室外		室内
		地面	架空	
名　称	单位	消　耗　量		
人工 合计工日	工日	1.000	2.000	0.800
一般技工	工日	1.000	2.000	0.800
材料 铜芯塑料绝缘电线 BV-6mm²	m	2.040	2.040	2.040
铜端子 6mm²	个	2.040	2.040	2.040
其他材料费	元	0.59	0.59	0.59
仪表 工业用真有效值万用表	台班	0.500	0.500	0.500
光时域反射仪	台班	0.500	0.500	0.500

工作内容: 开箱检验、搬运、安装固定、固定尾缆(尾纤)、接地、标记。 计量单位:台

编　号		5-4-61	5-4-62
项　目		光放大器	
		室内	室外
名　称	单位	消　耗　量	
人工 合计工日	工日	0.800	2.000
一般技工	工日	0.800	2.000
材料 铜芯塑料绝缘电线 BV-6mm²	m	2.040	2.040
铜端子 6mm²	个	2.040	2.040
其他材料费	元	0.59	0.59
仪表 工业用真有效值万用表	台班	0.200	0.200
光时域反射仪	台班	0.200	0.200
场强仪	台班	0.200	0.200

2. 干线传输设备调试

工作内容：测试输入光功率、调整衰减、均衡、测试记录。 计量单位：台

编 号		5-4-63	5-4-64	5-4-65
项 目		调试光接收机（单向）		
		室外		室内
		地面	架空	
名 称	单位	消 耗 量		
人 工	合计工日	工日	1.000	1.200	1.000
	高级技工	工日	1.000	1.200	1.000
仪 表	光功率计	台班	0.200	0.200	0.200
	光时域反射仪	台班	0.200	0.200	0.200
	场强仪	台班	0.500	0.500	0.500
	对讲机（一对）	台班	0.800	0.800	0.800

工作内容：测试输入光功率、调整衰减、均衡、测试记录。 计量单位：台

编 号		5-4-66	5-4-67	5-4-68
项 目		调试光接收机（双向）		
		室外		室内
		地面	架空	
名 称	单位	消 耗 量		
人 工	合计工日	工日	1.500	2.000	1.500
	高级技工	工日	1.500	2.000	1.500
仪 表	光功率计	台班	0.200	0.200	0.200
	光时域反射仪	台班	0.200	0.200	0.200
	场强仪	台班	0.500	0.500	0.500
	对讲机（一对）	台班	1.200	1.600	1.200

工作内容: 测试输入光功率、测试记录。

计量单位:个

编　号			5-4-69
项　目			调试光放大器
名　称		单位	消　耗　量
人工	合计工日	工日	1.000
	高级技工	工日	1.000
仪表	光功率计	台班	0.500
	光时域反射仪	台班	0.200
	场强仪	台班	0.200
	对讲机(一对)	台班	0.800

3. 线路设备安装

工作内容: 开箱检验、搬运、安装固定、取电、做接头、接地、标记。

计量单位:个

编　号			5-4-70	5-4-71	5-4-72
项　目			干线放大器		
			室外		室内
			地面	架空	
名　称		单位	消　耗　量		
人工	合计工日	工日	1.500	3.200	1.000
	一般技工	工日	1.500	3.200	1.000
材料	铜芯塑料绝缘电线 BV–6mm^2	m	2.040	2.040	2.040
	铜端子 6mm^2	个	2.040	2.040	2.040
	其他材料费	元	1.30	1.12	1.30
仪表	场强仪	台班	0.600	0.600	0.600

工作内容: 开箱检验、搬运、安装固定、取电、做接头、接地、标记。　　　　　　　　　　　**计量单位:**台

编　号		5-4-73	5-4-74	5-4-75
项　目		供电器		
		室外		室内
		地面	架空	
名　称	单位	消　耗　量		
人 工　合计工日	工日	1.000	2.000	0.800
一般技工	工日	1.000	2.000	0.800
材 料　配电板(含开关、保险)	个	(1.000)	(1.000)	(1.000)
铜芯塑料绝缘电线 BV-6mm²	m	2.040	2.040	2.040
铜端子 6mm²	个	2.040	2.040	2.040
硬质 PVC 管	m	6.060	6.060	—
仪 表　工业用真有效值万用表	台班	0.300	0.300	0.300

工作内容: 开箱检验、安装固定、布线整理、清理暗盒。　　　　　　　　　　　　　　　　**计量单位:**个

编　号		5-4-76	5-4-77	5-4-78
项　目		无源器件		
		室外		室内
		地面	架空	
名　称	单位	消　耗　量		
人 工　合计工日	工日	0.400	0.500	0.300
一般技工	工日	0.400	0.500	0.300
材 料　塑料膨胀螺栓	个	4.040	—	4.040

4. 线路设备调试

工作内容: 测试输入电平、调整衰减、均衡、做测试记录。 计量单位: 台

编　号			5-4-79	5-4-80	5-4-81	5-4-82
项　目			调试放大器			
			单向		双向	
			地面	架空	地面	架空
名　称		单位	消　耗　量			
人工	合计工日	工日	0.800	1.200	1.000	1.500
	高级技工	工日	0.800	1.200	1.000	1.500
仪表	场强仪	台班	0.400	0.500	0.600	0.700
	工业用真有效值万用表	台班	0.050	0.050	0.050	0.050

工作内容: 测试输出电压、电流、测试放大器供电电压、做记录。 计量单位: 个

编　号			5-4-83	5-4-84	5-4-85	5-4-86
项　目			调试供电器			
			放大器供电(台)			
			10以下		10以上	
			地面	电杆上	地面	电杆上
名　称		单位	消　耗　量			
人工	合计工日	工日	0.800	1.600	1.000	2.000
	高级技工	工日	0.800	1.600	1.000	2.000
仪表	工业用真有效值万用表	台班	0.600	1.200	0.600	1.600

六、分配网络设备安装、调试

工作内容：开箱检查、安装、接电。　　　　　　　　　　　　　　计量单位：个

编　号			5-4-87	5-4-88
项　目			安装楼栋放大器	混合器
名　称		单位	消　耗　量	
人工	合计工日	工日	0.400	0.200
	高级技工	工日	0.400	0.200
材料	膨胀螺栓 钢制 M12	套	4.040	—
仪表	场强仪	台班	0.200	0.100
	工业用真有效值万用表	台班	0.010	0.010

工作内容：开箱检查、安装固定、整理布线。　　　　　　　　　　计量单位：个

编　号			5-4-89	5-4-90	5-4-91	5-4-92
项　目			分支器、分配器（路）		终端电阻	均衡器、衰减器
			8以下	8以上		
名　称		单位	消　耗　量			
人工	合计工日	工日	0.200	0.140	0.030	0.030
	高级技工	工日	0.200	0.140	0.030	0.030
材料	塑料胀管带螺钉（保温专用）	套	2.500	—	—	—
仪表	场强仪	台班	0.050	0.075	—	0.003

工作内容：开箱检查、安装固定、整理布线。　　　　　　　　　　　　　　**计量单位：**个

编　号			5-4-93	5-4-94
项　目			交互式分配设备安装、调试	
			频段分路器	噪声抑制器、窗口滤波器、窗口陷波器
名　称		单位	消　耗　量	
人工	合计工日	工日	0.150	0.100
	高级技工	工日	0.150	0.100
仪表	工业用真有效值万用表	台班	0.050	0.050

工作内容：开箱检查、本体安装、系统调试、完成自检测试报告。　　　　　　**计量单位：**个

编　号			5-4-95
项　目			用户终端机
			变换器、FM 音箱
名　称		单位	消　耗　量
人工	合计工日	工日	0.160
	高级技工	工日	0.160

工作内容：1. 用户终端：测试电平、记录。

　　　　　2. 楼栋放大器：调整衰减、均衡、记录。

编　号		5-4-96	5-4-97	5-4-98
项　目		调试用户终端	调试楼栋放大器	
			单向	双向
单　位		户	个	
名　称	单位	消　耗　量		
人工 合计工日	工日	0.040	0.050	0.080
高级技工	工日	0.040	0.050	0.080
仪表 场强仪	台班	0.500	0.500	0.500
笔记本电脑	台班	—	0.500	0.500

第五章　音频、视频系统工程

说　　明

一、本章内容包括音频系统中的扩声系统工程、公共广播、背景音乐系统工程和视频系统工程。

二、本章不包括设备固定架、支架的制作。

三、音频、视频系统工程中的服务器、网络设备、软件等项目执行本册第一章相关项目。

四、音频、视频系统工程中的摄像机、镜头、云台等执行本册第六章相关项目。电视墙架、播控台等执行本册第四章相关项目。

五、音频系统的线缆敷设项目参照本章第八节同轴电缆布放相关项目执行。

六、音频系统在摆放式扬声器、壁挂式或吊装式扬声器安装时，有源扬声器用项目子目人工乘以系数 1.20，有源 DSP 扬声器用项目子目人工乘以系数 1.50。

七、音频、视频系统工程中的 DVI、HDMI、RGB 等矩阵（或切换器、分配器）项目参照本章 VGA 相关项目执行。一体化音视频矩阵（或切换器、分配器）项目按照本章音频矩阵相关项目叠加视频矩阵相关项目执行。

工程量计算规则

一、扩声系统信号源设备安装中有线传声器、无线传声器以"只"为计量单位；无线传声器（多通道）、录放机、数字播放机、DJ 搓盘机安装，以"台"为计量单位；跳线盘、接口箱安装，以"个"为计量单位。

二、扩声系统调音台、周边设备、功率放大器、电源和会议专用设备安装，以"台"为计量单位；扬声器安装，以"只"为计量单位。

三、公共广播系统设备安装，以"台"为计量单位。

四、视频系统同轴电缆布放，以"m"为计量单位；信号采集设备，以"套"为计量单位。

五、视频系统信号处理、显示器和投影仪、录放设备安装，以"台"为计量单位；电子白板、卷帘屏幕、硬质银幕、金属幕、背投箱体、拼接控制器、彩色提词器安装，以"套"为计量单位；LED 显示屏安装，以"m²"为计量单位。

六、扩声系统级间调试，以"个"为计量单位。

七、扩声系统、公共广播系统和视频系统的系统调试、系统测量和系统试运行，以"系统"为计量单位。

一、扩声系统设备安装

1. 信号源设备安装

工作内容：开箱检查、本体安装调试等。　　　　　　　　　　　　**计量单位：**只

编　号		5-5-1	5-5-2
项　目		有线传声器	无线传声器
名　称	单位	消　耗　量	
人工　合计工日	工日	0.250	0.350
一般技工	工日	0.250	0.350
材料　其他材料费	元	4.20	4.20
仪表　工业用真有效值万用表	台班	0.050	0.050

工作内容：开箱检查、接线，本体安装调试等。　　　　　　　　　　**计量单位：**台

编　号		5-5-3	5-5-4	5-5-5
项　目		无线传声器（多通道）	录放机	数字播放机、DJ 搓盘机
名　称	单位	消　耗　量		
人工　合计工日	工日	1.000	0.300	0.100
一般技工	工日	1.000	0.300	0.100
材料　其他材料费	元	4.20	4.20	4.20
仪表　工业用真有效值万用表	台班	0.050	0.050	0.050

工作内容: 开箱检查、接线,本体安装测试等。　　　　　　　　　　　　　　　　　　　**计量单位:** 个

编　号		5-5-6	5-5-7
项　目		跳线盘(路)	
		24 以下	24 以上
名　称	单位	消　耗　量	
人工 合计工日	工日	0.500	0.800
一般技工	工日	0.500	0.800
材料 其他材料费	元	4.20	4.20
仪表 工业用真有效值万用表	台班	0.100	0.100

工作内容: 开箱检查、模块组装、接线,本体安装、测试等。　　　　　　　　　　　　　**计量单位:** 个

编　号		5-5-8	5-5-9	5-5-10
项　目		接口箱(路)		
		8 以下	16 以下	16 以上
名　称	单位	消　耗　量		
人工 合计工日	工日	0.500	0.750	1.000
一般技工	工日	0.500	0.750	1.000
材料 其他材料费	元	4.20	4.20	4.20
仪表 工业用真有效值万用表	台班	0.100	0.100	0.100

2. 调音台安装

工作内容: 开箱检查、接线、本体安装调试等。 计量单位: 台

编　号		5-5-11	5-5-12	5-5-13	5-5-14
项　目		自动混音台(路)		模拟调音台(路)	
		4	8	≤8	≤16
名　称	单位	消　耗　量			
人工 合计工日	工日	0.500	1.000	0.750	1.750
一般技工	工日	0.500	1.000	0.750	1.750
材料 其他材料费	元	4.20	4.20	4.20	4.20
仪表 工业用真有效值万用表	台班	0.100	0.100	0.100	0.100

工作内容: 开箱检查、接线、本体安装调试等。 计量单位: 台

编　号		5-5-15	5-5-16	5-5-17
项　目		模拟调音台(路)		
		≤24	≤32	输入/输出总数 32以上,每增加8
名　称	单位	消　耗　量		
人工 合计工日	工日	2.750	3.750	1.000
一般技工	工日	2.750	3.750	1.000
材料 其他材料费	元	4.20	4.20	0.61
仪表 工业用真有效值万用表	台班	0.100	0.100	0.100

工作内容: 开箱检查、接线、本体安装、参数设置、调试等。 计量单位:台

编 号			5-5-18	5-5-19	5-5-20	5-5-21	5-5-22
项 目			数字调音台(路)				
			≤8	≤16	≤24	≤32	输入/输出总数32以上,每增加8
名 称		单位	消 耗 量				
人工	合计工日	工日	1.500	2.500	3.500	4.500	1.000
	一般技工	工日	1.500	2.500	3.500	4.500	1.000
材料	其他材料费	元	4.20	4.20	4.20	4.20	0.61
仪表	笔记本电脑	台班	0.200	0.300	0.400	0.500	0.100
	工业用真有效值万用表	台班	0.100	0.100	0.100	0.100	0.100

3. 调音台周边设备安装

工作内容: 开箱检查、设备组装、接线、本体安装调试等。 计量单位:台

编 号			5-5-23	5-5-24	5-5-25
项 目			均衡器		
			单31段	双31段	参数均衡器
名 称		单位	消 耗 量		
人工	合计工日	工日	0.250	0.500	0.750
	一般技工	工日	0.250	0.500	0.750
材料	其他材料费	元	4.20	4.20	4.20
仪表	工业用真有效值万用表	台班	0.050	0.050	0.050

工作内容： 开箱检查、设备组装、接线、本体安装调试等。　　　　　　　　　计量单位：台

编　号	5-5-26	5-5-27	5-5-28
项　目	压限器		
	单路压限 （含噪声门）	双路压限 （含噪声门）	四路压限
名　称 ｜ 单位	消　耗　量		
人工　合计工日 ｜ 工日	0.250	0.500	1.000
一般技工 ｜ 工日	0.250	0.500	1.000
材料　其他材料费 ｜ 元	4.20	4.20	4.20
仪表　工业用真有效值万用表 ｜ 台班	0.050	0.050	0.050

工作内容： 开箱检查、设备组装、接线、本体安装调试等。　　　　　　　　　计量单位：台

编　号	5-5-29	5-5-30	5-5-31	5-5-32
项　目	延时器		音频分配放大器	
	1进2出	2进6出	1×4	1×8
名　称 ｜ 单位	消　耗　量			
人工　合计工日 ｜ 工日	0.400	1.000	0.500	1.000
一般技工 ｜ 工日	0.400	1.000	0.500	1.000
材料　其他材料费 ｜ 元	4.20	4.20	4.20	4.20
仪表　工业用真有效值万用表 ｜ 台班	0.050	0.050	0.050	0.050

工作内容: 开箱检查、设备组装、接线、本体安装调试等。　　　　　　　　　　　　　　　　　　　**计量单位:** 台

编　号			5-5-33	5-5-34
项　目			音频切换器	
			4×1	8×1
名　称		单位	消　耗　量	
人工	合计工日	工日	0.500	1.000
	一般技工	工日	0.500	1.000
材料	其他材料费	元	4.20	4.20
仪表	工业用真有效值万用表	台班	0.050	0.050

工作内容: 开箱检查、设备组装、接线、本体安装调试等。　　　　　　　　　　　　　　　　　　　**计量单位:** 台

编　号			5-5-35	5-5-36	5-5-37	5-5-38
项　目			音频矩阵			
			4×4	8×4	8×8	输入输出总数16路以上,每增加4路
名　称		单位	消　耗　量			
人工	合计工日	工日	1.000	1.500	2.000	0.500
	一般技工	工日	1.000	1.500	2.000	0.500
材料	其他材料费	元	4.20	4.20	4.20	4.20
仪表	工业用真有效值万用表	台班	0.050	0.050	0.050	0.050

工作内容: 开箱检查、设备组装、接线、本体安装调试等。 计量单位: 台

编 号		5-5-39	5-5-40	5-5-41
项 目		效果器	分频器	
			二分频	三分频
名 称	单位	消 耗 量		
人工 合计工日	工日	0.500	0.400	0.500
一般技工	工日	0.500	0.400	0.500
材料 其他材料费	元	4.20	4.20	4.20
仪表 工业用真有效值万用表	台班	0.050	0.050	0.050

工作内容: 开箱检查、设备组装、接线、本体安装调试等。 计量单位: 台

编 号		5-5-42	5-5-43
项 目		滤波器	
		单通道 1×24	双通道 2×24
名 称	单位	消 耗 量	
人工 合计工日	工日	0.250	0.500
一般技工	工日	0.250	0.500
材料 其他材料费	元	4.20	4.20
仪表 工业用真有效值万用表	台班	0.050	0.050

工作内容：开箱检查、设备组装、接线、本体安装调试等。　　　　　　　　　　　　　　　　　　**计量单位：**台

编　号		5-5-44	5-5-45	5-5-46	5-5-47
项　目		反馈抑制器			激励器
		Ⅰ 型	Ⅱ 型	Ⅲ 型	
名　称	单位	消　耗　量			
人工　合计工日	工日	0.400	0.250	0.500	0.500
一般技工	工日	0.400	0.250	0.500	0.500
材料　其他材料费	元	4.20	4.20	4.20	4.20
仪表　工业用真有效值万用表	台班	0.050	0.050	0.050	0.050

注：Ⅰ 型—反馈抑制器插在调音台话筒输入端，8 组滤波器，20Bit，1/5 机柜宽度。
　　Ⅱ 型—单通道，12 组窄波限波器，20Bit，模数转换。
　　Ⅲ 型—双通道，2×12 组窄波限波器，20Bit，模数转换。

工作内容：开箱检查、设备组装、接线、本体安装调试等。　　　　　　　　　　　　　　　　　　**计量单位：**台

编　号		5-5-48	5-5-49	5-5-50	5-5-51	5-5-52
项　目		数字音频处理器（路）				
		8 以下	16 以下	24 以下	32 以下	32 以上，每增加 8
名　称	单位	消　耗　量				
人工　合计工日	工日	1.000	1.750	2.500	3.250	0.750
一般技工	工日	1.000	1.750	2.500	3.250	0.750
材料　其他材料费	元	4.20	4.20	4.20	4.20	4.20
仪表　笔记本电脑	台班	0.200	0.300	0.400	0.500	0.100
工业用真有效值万用表	台班	0.050	0.050	0.050	0.050	0.050

工作内容: 量裁线缆、线缆与插头的安装焊接、测试等。 计量单位:个

编 号			5-5-53	5-5-54	5-5-55	5-5-56	5-5-57	5-5-58
项 目			音频跳线制作	音频跳线安装	卡侬插头	卡侬插座	大三芯插头	音箱接头
名 称		单位	消 耗 量					
人工	合计工日	工日	0.120	0.030	0.100	0.100	0.120	0.150
	一般技工	工日	0.120	0.030	0.100	0.100	0.120	0.150
材料	卡侬插头	个	—	—	(1.010)	—	—	—
	三相四孔插座 15A	个	—	—	—	(1.010)	—	—
	音频导线	条	(1.000)	—	—	—	—	—
	大三芯插头	个	—	—	—	—	(1.010)	—
	电缆线接头	个	—	—	—	—	—	(1.010)
	接头	个	(2.020)	—	—	—	—	—
	其他材料费	元	0.51	0.51	0.45	0.45	0.45	0.45
仪表	工业用真有效值万用表	台班	0.020	0.020	0.020	0.020	0.020	0.020

4. 功率放大器安装

工作内容: 开箱检查、设备组装、接线、本体安装调试等。 计量单位:台

编 号			5-5-59	5-5-60
项 目			双路功率放大器	四路功率放大器
名 称		单位	消 耗 量	
人工	合计工日	工日	0.600	1.200
	一般技工	工日	0.600	1.200
材料	其他材料费	元	4.20	4.20
仪表	工业用真有效值万用表	台班	0.050	0.050

工作内容: 开箱检查、接线、本体安装、参数设置、调试等。　　　　　　　　　　　　**计量单位:** 台

	编　号		5-5-61	5-5-62
	项　目		双路功率放大器 （含 DSP 处理功能）	四路功率放大器 （含 DSP 处理功能）
	名　称	单位	消　耗　量	
人工	合计工日	工日	1.000	2.000
	一般技工	工日	1.000	2.000
材料	其他材料费	元	4.20	4.20
仪表	笔记本电脑	台班	0.200	0.400
	工业用真有效值万用表	台班	0.050	0.050

5. 扬声器安装

工作内容: 开箱检查、划线定位、接线、本体安装调试等。　　　　　　　　　　　　**计量单位:** 只

	编　号		5-5-63	5-5-64
	项　目		吸顶扬声器	
			安装孔（直径 mm）	
			200 以下	200 以上
	名　称	单位	消　耗　量	
人工	合计工日	工日	0.350	0.450
	一般技工	工日	0.350	0.450
材料	其他材料费	元	4.20	4.20
仪表	工业用真有效值万用表	台班	0.050	0.050

工作内容：开箱检查、划线定位、接线、本体安装调试等。　　　　　　　　　　　计量单位：只

编　号		5-5-65	5-5-66	5-5-67
项　目		摆放式扬声器（质量 kg）		
		25 以下	50 以下	50 以上
名　称	单位	消　耗　量		
人 工	合计工日	工日	0.300	0.450	0.900
	一般技工	工日	0.300	0.450	0.900
材 料	其他材料费	元	4.20	4.20	4.20
机 械	手动液压叉车	台班	0.060	0.090	0.180
仪 表	工业用真有效值万用表	台班	0.050	0.050	0.050

工作内容：开箱检查、划线定位、接线、本体安装调试等。　　　　　　　　　　　计量单位：只

编　号		5-5-68	5-5-69	5-5-70
项　目		壁挂式或吊装式扬声器（质量 kg）		
		25 以下	50 以下	50 以上
名　称	单位	消　耗　量		
人 工	合计工日	工日	0.250	0.375	0.500
	一般技工	工日	0.250	0.375	0.500
材 料	保险链	条	（1.000）	（2.000）	（4.000）
	其他材料费	元	4.20	4.20	4.20
机 械	平台作业升降车 9m	台班	0.200	0.200	0.200
	手动液压叉车	台班	0.200	0.300	0.400
仪 表	工业用真有效值万用表	台班	0.050	0.050	0.050

工作内容：开箱检查、划线定位、设备组装、接线、本体安装调试等。　　　　　　　　　　　　　　**计量单位：**只

编　号			5-5-71	5-5-72	5-5-73	5-5-74
项　目			线阵列扬声器系统			
			≤6″	≤10″	≤15″	>15″
名　称		单位	消　耗　量			
人工	合计工日	工日	0.375	0.750	1.000	1.250
	一般技工	工日	0.375	0.750	1.000	1.250
材料	其他材料费	元	4.20	4.20	4.20	4.20
机械	平台作业升降车　9m	台班	0.500	0.500	1.000	1.000
	手动液压叉车	台班	0.300	0.500	0.500	0.500
仪表	笔记本电脑	台班	0.200	0.200	0.200	0.200
	工业用真有效值万用表	台班	0.050	0.050	0.050	0.050

工作内容：开箱检查、划线定位、接线、本体安装调试等。　　　　　　　　　　　　　　**计量单位：**只

编　号			5-5-75
项　目			园林草地扬声器
名　称		单位	消　耗　量
人工	合计工日	工日	0.200
	一般技工	工日	0.200
材料	其他材料费	元	4.20
仪表	工业用真有效值万用表	台班	0.050

6. 电 源 安 装

工作内容: 开箱检查、接线、本体安装调试等。　　　　　　　　　　　　　　　**计量单位:** 台

编　号			5-5-76
项　目			时序电源控制器
名　称		单位	消　耗　量
人工	合计工日	工日	0.500
	一般技工	工日	0.500
材料	其他材料费	元	4.20
仪表	工业用真有效值万用表	台班	0.050

7. 会议专用设备安装

工作内容: 开箱检查、接线、本体安装调试等。　　　　　　　　　　　　　　　**计量单位:** 台

编　号			5-5-77	5-5-78	5-5-79
项　目			会议主控机	主席机、代表机	
				移动式	嵌入式
名　称		单位	消　耗　量		
人工	合计工日	工日	1.000	0.250	0.500
	一般技工	工日	1.000	0.250	0.500
材料	其他材料费	元	4.20	4.20	4.20
仪表	工业用真有效值万用表	台班	0.200	0.200	0.200

工作内容： 开箱检查、接线、本体安装调试等。　　　　　　　　　　　　　　　　　计量单位：台

	编　号		5-5-80	5-5-81	5-5-82
	项　目		表决单元	多语种译员机	译员话筒
	名　称	单位	消　耗　量		
人工	合计工日	工日	0.250	1.000	0.200
	一般技工	工日	0.250	1.000	0.200
材料	其他材料费	元	4.20	4.20	4.20
仪表	工业用真有效值万用表	台班	0.200	0.200	0.200

工作内容： 开箱检查、接线、本体安装调试等。　　　　　　　　　　　　　　　　　计量单位：台

	编　号		5-5-83	5-5-84	5-5-85
	项　目		耳机（译员、轻便）	红外发射机	红外辐射板
	名　称	单位	消　耗　量		
人工	合计工日	工日	0.050	0.100	1.500
	一般技工	工日	0.050	0.100	1.500
材料	其他材料费	元	4.20	4.20	4.20
仪表	工业用真有效值万用表	台班	—	0.200	—

工作内容: 开箱检查、接线、本体安装调试等。　　　　　　　　　　　　　　　**计量单位:** 台

编　号			5-5-86	5-5-87	5-5-88	5-5-89
项　目			红外接收机	红外接收机充电器	电子通道选择器	音频媒体接口机
名　称		单位	消　耗　量			
人工	合计工日	工日	0.100	0.050	0.150	0.300
	一般技工	工日	0.100	0.050	0.150	0.300
材料	其他材料费	元	4.20	4.20	4.20	4.20
仪表	工业用真有效值万用表	台班	0.200	—	—	0.100

工作内容: 开箱检查、接线、本体安装调试等。　　　　　　　　　　　　　　　**计量单位:** 台

编　号			5-5-90	5-5-91
项　目			席位扩展单元	会议专用主控 PC 机
名　称		单位	消　耗　量	
人工	合计工日	工日	0.050	1.200
	一般技工	工日	0.050	1.200
材料	其他材料费	元	4.20	4.20

二、扩声系统调试

1. 扩声系统级间调试

工作内容：系统级间调试、参数调整、功能预调等。 计量单位：个

编　号		5-5-92
项　目		设备使用功能数
名　称	单位	消　耗　量
人工 合计工日	工日	0.375
高级技工	工日	0.375
仪表 2通道建筑声学测量仪	台班	0.200
标准信号发生器	台班	0.200
声级计	台班	0.200
对讲机（一对）	台班	0.300

2. 系 统 调 试

工作内容：整套系统联调、技术参数确定、功能测试、完成系统调测报告。 计量单位：系统

编　号		5-5-93	5-5-94	5-5-95
项　目		系统调试		
		语言系统	多功能系统	演出系统
名　称	单位	消　耗　量		
人工 合计工日	工日	80.000	100.000	120.000
高级技工	工日	80.000	100.000	120.000
仪表 2通道建筑声学测量仪	台班	8.000	10.000	12.000
标准信号发生器	台班	8.000	10.000	12.000
声级计	台班	8.000	10.000	12.000
笔记本电脑	台班	8.000	10.000	12.000
工业用真有效值万用表	台班	2.000	2.000	4.000
对讲机（一对）	台班	15.000	15.000	15.000
智能型光导抗干扰介损测量仪	台班	4.000	4.000	4.000
宽行打印机	台班	1.000	1.000	1.000

三、扩声系统测量

工作内容：测量扩声系统的电声性能，完成测量报告。　　　　　　　　　　　**计量单位**：系统

编　号		5-5-96	5-5-97
项　目		扩声系统测量	
		最大声压级、传输频率特性	传声增益
名　称	单位	消　耗　量	
人工　合计工日	工日	1.000	2.000
高级技工	工日	1.000	2.000
仪表　声级计	台班	1.000	1.000
笔记本电脑	台班	1.000	1.000
对讲机（一对）	台班	1.000	1.000

工作内容：测量扩声系统的电声性能，完成测量报告。　　　　　　　　　　　**计量单位**：系统

编　号		5-5-98	5-5-99	5-5-100
项　目		扩声系统测量		
		声场不均匀度	总噪声级	语言传输指数
名　称	单位	消　耗　量		
人工　合计工日	工日	1.500	1.000	1.250
高级技工	工日	1.500	1.000	1.250
仪表　真有效值数据存储型万用表	台班	1.000	—	—
声级计	台班	—	1.000	—
STIPA 测试仪	台班	—	—	1.500
笔记本电脑	台班	1.000	1.000	1.000
对讲机（一对）	台班	1.000	1.000	1.000

四、扩声系统试运行

工作内容：进行试运行、完成试运行报告等。　　　　　　　　　　计量单位：系统

编　号		5-5-101	5-5-102	5-5-103
项　目		系统试运行		
		语言系统	多功能系统	演出系统
名　称	单位	消　耗　量		
人工　合计工日	工日	60.000	60.000	60.000
高级技工	工日	60.000	60.000	60.000
仪表　真有效值数据存储型万用表	台班	20.000	20.000	20.000
声级计	台班	20.000	20.000	20.000
STIPA 测试仪	台班	20.000	20.000	20.000
笔记本电脑	台班	20.000	20.000	20.000
对讲机（一对）	台班	20.000	20.000	20.000

五、公共广播系统设备安装

工作内容：开箱检查、接线、本体安装调试等。　　　　　　　　　计量单位：台

编　号		5-5-104	5-5-105	5-5-106
项　目		一体化公共广播主机	分区寻址公共广播主机	网络化公共广播主机
名　称	单位	消　耗　量		
人工　合计工日	工日	0.750	1.250	2.000
一般技工	工日	0.750	1.250	2.000
材料　其他材料费	元	4.20	4.20	4.20
仪表　笔记本电脑	台班	0.200	0.200	0.400
工业用真有效值万用表	台班	0.200	0.200	0.300

工作内容：开箱检查、接线、本体安装调试等。   计量单位：台

编　号			5-5-107	5-5-108
项　目			分区器	监听器、强插器、线路检测器
名　称		单位	消　耗　量	
人工	合计工日	工日	0.100	0.400
	一般技工	工日	0.100	0.400
材料	其他材料费	元	4.20	4.20
仪表	工业用真有效值万用表	台班	0.050	0.100

工作内容：开箱检查、接线、本体安装调试等。   计量单位：台

编　号			5-5-109	5-5-110
项　目			可编程定时器、主备切换器、警报信号发生器、市话接口设备	突发公共事件接口设备
名　称		单位	消　耗　量	
人工	合计工日	工日	0.600	2.000
	一般技工	工日	0.600	2.000
材料	其他材料费	元	4.20	4.20
仪表	工业用真有效值万用表	台班	0.100	0.200

工作内容：开箱检查、接线、本体安装调试等。 计量单位：台

编　号			5-5-111
项　目			可寻址广播终端、网络化广播终端
名　称		单位	消　耗　量
人工	合计工日	工日	0.800
	一般技工	工日	0.800
材料	其他材料费	元	4.20
仪表	工业用真有效值万用表	台班	0.100

工作内容：开箱检查、接线、本体安装调试等。 计量单位：台

编　号			5-5-112	5-5-113
项　目			简易寻呼台站	可编程寻呼台站
名　称		单位	消　耗　量	
人工	合计工日	工日	0.500	0.800
	一般技工	工日	0.500	0.800
材料	其他材料费	元	4.20	4.20
仪表	工业用真有效值万用表	台班	0.100	0.100

工作内容: 开箱检查、接线、本体安装调试等。 计量单位: 台

编 号			5-5-114	5-5-115	5-5-116
项 目			音控器	模块	调谐器、前置放大器
名 称		单位	消 耗 量		
人工	合计工日	工日	0.100	0.200	0.200
	一般技工	工日	0.100	0.200	0.200
材料	其他材料费	元	4.20	4.81	4.20
仪表	工业用真有效值万用表	台班	0.030	0.030	0.030

六、公共广播系统调试

1.分 区 试 响

工作内容: 系统调试、功能技术参数设置、试响广播分区内的每一个广播扬声器等。 计量单位: 系统

编 号			5-5-117	5-5-118	5-5-119
项 目			扬声器数量（个）		
			10 以下	50 以下	50 以上,每增加 5
名 称		单位	消 耗 量		
人工	合计工日	工日	2.000	3.500	0.400
	高级技工	工日	2.000	3.500	0.400
仪表	标准信号发生器	台班	1.000	1.500	0.200
	工业用真有效值万用表	台班	0.200	1.000	0.050
	对讲机（一对）	台班	1.000	2.000	0.100

2. 应备功能调试

工作内容：对整个广播系统的应备功能进行调试、完成测试报告等。　　　　　　　计量单位：系统

编　号		5-5-120	5-5-121	5-5-122
项　目		紧急广播		
		三级系统	二级系统	一级系统
名　称	单位	消　耗　量		
人工　合计工日	工日	3.500	7.000	15.000
高级技工	工日	3.500	7.000	15.000
仪表　笔记本电脑	台班	1.000	1.000	3.000
对讲机（一对）	台班	1.000	2.000	3.500

工作内容：对整个广播系统的应备功能进行调试、完成测试报告等。　　　　　　　计量单位：系统

编　号		5-5-123	5-5-124	5-5-125
项　目		背景广播		
		三级系统	二级系统	一级系统
名　称	单位	消　耗　量		
人工　合计工日	工日	0.500	4.000	10.000
高级技工	工日	0.500	4.000	10.000
仪表　笔记本电脑	台班	0.400	1.000	3.000
对讲机（一对）	台班	0.400	2.000	3.500

工作内容: 对整个广播系统的应备功能进行调试、完成测试报告等。　　　　　　　　　　　　**计量单位:** 系统

编　　号			5-5-126	5-5-127	5-5-128
项　　目			业务广播		
			三级系统	二级系统	一级系统
名　　称		单位	消　耗　量		
人工	合计工日	工日	0.500	9.000	10.000
	高级技工	工日	0.500	9.000	10.000
仪表	笔记本电脑	台班	0.400	1.000	3.000
	对讲机（一对）	台班	0.400	2.000	3.500

3. 分区电声性能测量

工作内容: 测量公共广播系统的电声性能、完成测试报告等。　　　　　　　　　　　　**计量单位:** 系统

编　　号			5-5-129	5-5-130	5-5-131
项　　目			应备声压级测量（测试点　个）		
			10 以下	50 以下	50 以上，每增加 5
名　　称		单位	消　耗　量		
人工	合计工日	工日	6.000	12.000	1.000
	高级技工	工日	6.000	12.000	1.000
仪表	声级计	台班	1.000	1.000	0.800
	笔记本电脑	台班	1.000	1.000	0.800
	对讲机（一对）	台班	1.000	1.000	0.800
	宽行打印机	台班	0.300	0.300	0.300
	真有效值数据存储型万用表	台班	1.000	1.000	0.800

工作内容: 测量公共广播系统的电声性能、完成测试报告等。 **计量单位:** 系统

编　号		5-5-132	5-5-133	5-5-134
项　目		室内声场均匀度测量(测试点 个)		
		10 以下	50 以下	50 以上,每增加 5
名　称	单位	消　耗　量		
人工	合计工日	工日	4.000	8.000	0.800
	高级技工	工日	4.000	8.000	0.800
仪表	声级计	台班	1.000	1.000	0.600
	笔记本电脑	台班	1.000	1.000	0.600
	对讲机(一对)	台班	1.000	1.000	0.600
	宽行打印机	台班	0.300	0.300	0.300
	真有效值数据存储型万用表	台班	1.000	1.000	0.600

工作内容: 测量公共广播系统的电声性能、完成测试报告等。 **计量单位:** 系统

编　号		5-5-135	5-5-136	5-5-137
项　目		室内传输频率特性测量(测试点 个)		
		10 以下	50 以下	50 以上,每增加 5
名　称	单位	消　耗　量		
人工	合计工日	工日	8.000	16.000	1.600
	高级技工	工日	8.000	16.000	1.600
仪表	声级计	台班	1.000	1.000	1.000
	笔记本电脑	台班	1.000	1.000	1.000
	对讲机(一对)	台班	1.000	1.000	1.000
	宽行打印机	台班	0.300	0.300	0.300
	真有效值数据存储型万用表	台班	1.000	1.000	1.000

工作内容: 测量公共广播系统的电声性能、完成测试报告等。　　　　　　　　　　　　　　　　计量单位:系统

	编　号		5-5-138	5-5-139	5-5-140
			系统设备信噪比测量		
	项　目		分区数量（个）		
			10 以下	50 以下	50 以上，每增加 5
	名　称	单位	消　耗　量		
人工	合计工日	工日	2.000	4.000	0.400
	高级技工	工日	2.000	4.000	0.400
仪表	真有效值数据存储型万用表	台班	1.000	1.000	0.200
	声级计	台班	1.000	1.000	0.200
	STIPA 测试仪	台班	1.000	1.000	0.200
	笔记本电脑	台班	1.000	1.000	0.200
	对讲机（一对）	台班	1.000	1.000	0.200
	宽行打印机	台班	0.300	0.300	0.100

工作内容: 测量公共广播系统的电声性能、完成测试报告等。　　　　　　　　　　　　　　　　计量单位:系统

	编　号		5-5-141	5-5-142	5-5-143
			扩声系统语言传输指数测量		
	项　目		分区数量（个）		
			10 以下	50 以下	50 以上，每增加 5
	名　称	单位	消　耗　量		
人工	合计工日	工日	8.000	16.000	1.600
	高级技工	工日	8.000	16.000	1.600
仪表	真有效值数据存储型万用表	台班	1.500	1.500	1.000
	声级计	台班	1.500	1.500	1.000
	STIPA 测试仪	台班	1.500	1.500	1.000
	笔记本电脑	台班	1.500	1.500	1.000
	对讲机（一对）	台班	1.500	1.500	1.000
	宽行打印机	台班	0.300	0.300	0.300

工作内容：测量公共广播系统的电声性能、完成测试报告等。　　　　　　　　　　　　　**计量单位**：系统

编　号			5-5-144	5-5-145	5-5-146
项　目			漏出声衰减测量		
			分区数量（个）		
			10 以下	50 以下	50 以上，每增加 5
名　称		单位	消　耗　量		
人工	合计工日	工日	6.000	12.000	1.000
	高级技工	工日	6.000	12.000	1.000
仪表	真有效值数据存储型万用表	台班	1.000	1.000	0.800
	声级计	台班	1.000	1.000	0.800
	STIPA 测试仪	台班	1.000	1.000	0.800
	笔记本电脑	台班	1.000	1.000	0.800
	对讲机（一对）	台班	1.000	1.000	0.800
	宽行打印机	台班	0.300	0.300	0.300

4. 分区电声性能指标调试

工作内容：功能技术参数设置、调试。　　　　　　　　　　　　　　　　　　　　　　　**计量单位**：系统

编　号			5-5-147	5-5-148	5-5-149
项　目			电声性能指标调试三级系统	电声性能指标调试二级系统	电声性能指标调试一级系统
名　称		单位	消　耗　量		
人工	合计工日	工日	6.500	6.500	6.500
	高级技工	工日	6.500	6.500	6.500
仪表	真有效值数据存储型万用表	台班	1.000	1.000	1.000
	声级计	台班	1.000	1.000	1.000
	STIPA 测试仪	台班	1.000	1.000	1.000
	笔记本电脑	台班	1.000	1.000	1.000
	对讲机（一对）	台班	2.000	2.000	2.000

七、公共广播系统试运行

工作内容：进行试运行、完成试运行报告等。　　　　　　　　　　　　　　**计量单位：**系统

编　号		5-5-150
项　目		系统试运行
名　称	单位	消　耗　量
人工　合计工日	工日	60.000
高级技工	工日	60.000
仪表　真有效值数据存储型万用表	台班	4.000
声级计	台班	4.000
STIPA 测试仪	台班	4.000
笔记本电脑	台班	4.000
对讲机（一对）	台班	10.000

八、视频系统设备安装工程

1. 同轴电缆布放

工作内容：检验、抽测电缆、清理管道 / 桥架、布放、绑扎电缆、封堵出口等。　　　　**计量单位：**m

编　号		5-5-151	5-5-152	5-5-153	5-5-154
项　目		管内穿放视频同轴电缆		沿桥架敷设视频同轴电缆	
		≤φ9	>φ9	≤φ9	>φ9
名　称	单位	消　耗　量			
人工　合计工日	工日	0.012	0.016	0.014	0.018
一般技工	工日	0.012	0.016	0.014	0.018
材料　同轴电缆	m	（1.010）	（1.010）	（1.010）	（1.010）
其他材料费	元	0.03	0.03	0.03	0.03
仪表　对讲机（一对）	台班	0.003	0.003	0.003	0.003

2. 信号采集设备安装

工作内容： 开箱检查、接线、本体安装、参数设置、调试等。 计量单位：套

编　号		5-5-155	5-5-156
项　目		流媒体直播机	流媒体直播 / 录制机
名　称	单位	消　耗　量	
人工 合计工日	工日	3.000	4.000
一般技工	工日	3.000	4.000
材料 其他材料费	元	4.20	4.20
仪表 笔记本电脑	台班	1.000	1.000

3. 信号处理设备安装

工作内容： 开箱检查、接线、接地、本体安装调试等。 计量单位：台

编　号		5-5-157	5-5-158	5-5-159	5-5-160
项　目		视频矩阵			输入 / 输出总数 16 路以上，每增加 4 路
		4×4	8×4	8×8	
名　称	单位	消　耗　量			
人工 合计工日	工日	1.000	1.500	2.000	0.500
一般技工	工日	1.000	1.500	2.000	0.500
材料 铜芯塑料绝缘电线 BV–6mm²	m	2.040	2.040	2.040	—
铜端子 6mm²	个	2.040	2.040	2.040	—
其他材料费	元	4.20	4.20	4.20	—
仪表 笔记本电脑	台班	0.800	1.000	1.500	0.500
工业用真有效值万用表	台班	0.300	0.300	0.400	0.100

工作内容: 开箱检查、接线、接地、本体安装调试等。 **计量单位:台**

编 号		5-5-161	5-5-162	5-5-163	5-5-164
项 目		VGA/DVI 矩阵			
		4×4	8×4	8×8	输入/输出总数16路以上,每增加4路
名 称	单位	消 耗 量			
人工	合计工日	工日	2.500	3.750	5.000	1.250
	一般技工	工日	2.500	3.750	5.000	1.250
材料	铜芯塑料绝缘电线 BV-6mm²	m	2.040	2.040	2.040	—
	铜端子 6mm²	个	2.040	2.040	2.040	—
	其他材料费	元	4.20	4.20	4.20	—
仪表	笔记本电脑	台班	0.800	1.000	1.500	0.500
	工业用真有效值万用表	台班	0.200	0.300	0.400	0.100

工作内容: 开箱检查、接线、接地、本体安装调试等。 **计量单位:台**

编 号		5-5-165	5-5-166
项 目		视频分配放大器	
		1×4	1×8
名 称	单位	消 耗 量	
人工	合计工日	工日	0.500	0.750
	一般技工	工日	0.500	0.750
材料	铜芯塑料绝缘电线 BV-6mm²	m	2.040	2.040
	铜端子 6mm²	个	2.040	2.040
	其他材料费	元	4.20	4.20
仪表	笔记本电脑	台班	0.500	0.500
	工业用真有效值万用表	台班	0.100	0.100

工作内容: 开箱检查、接线、接地、本体安装调试等。 计量单位:台

编　号			5-5-167	5-5-168
项　目			VGA 分配放大器	
			1×4	1×8
名　称		单位	消　耗　量	
人 工	合计工日	工日	1.500	2.800
	一般技工	工日	1.500	2.800
材 料	铜芯塑料绝缘电线 BV–6mm²	m	2.040	2.040
	铜端子 6mm²	个	2.040	2.040
	其他材料费	元	4.20	4.20
仪 表	笔记本电脑	台班	0.500	0.500
	工业用真有效值万用表	台班	0.100	0.100

工作内容: 开箱检查、接线、接地、本体安装调试等。 计量单位:台

编　号			5-5-169	5-5-170
项　目			视频切换器	
			4×1	8×1
名　称		单位	消　耗　量	
人 工	合计工日	工日	0.500	0.750
	一般技工	工日	0.500	0.750
材 料	铜芯塑料绝缘电线 BV–6mm²	m	2.040	2.040
	铜端子 6mm²	个	2.040	2.040
	其他材料费	元	4.20	4.20
仪 表	笔记本电脑	台班	0.500	0.500
	工业用真有效值万用表	台班	0.100	0.100

工作内容: 开箱检查、接线、接地、本体安装调试等。　　　　　　　　　　　　　　　　　　　　　计量单位: 台

	编　号		5-5-171	5-5-172
	项　目		VGA 切换器	
			4×1	8×1
	名　称	单位	消　耗　量	
人 工	合计工日	工日	1.500	2.500
	一般技工	工日	1.500	2.500
材 料	铜芯塑料绝缘电线 BV–6mm²	m	2.040	2.040
	铜端子 6mm²	个	2.040	2.040
	其他材料费	元	4.20	4.20
仪 表	笔记本电脑	台班	0.500	0.500
	工业用真有效值万用表	台班	0.100	0.100

工作内容: 开箱检查、接线、接地、本体安装调试等。　　　　　　　　　　　　　　　　　　　　　计量单位: 台

	编　号		5-5-173	5-5-174	5-5-175
	项　目		转换器	多功能转换器	融合器
	名　称	单位	消　耗　量		
人 工	合计工日	工日	0.250	0.350	0.500
	一般技工	工日	0.250	0.350	0.500
材 料	铜芯塑料绝缘电线 BV–6mm²	m	2.040	2.040	2.040
	铜端子 6mm²	个	2.040	2.040	2.040
	其他材料费	元	4.40	4.40	4.40
仪 表	工业用真有效值万用表	台班	0.100	0.100	0.100

工作内容：开箱检查、接线、接地、本体安装、参数设置、调试等。　　　　　　　　　　　　　　　　　　计量单位：台

编　号		5-5-176	5-5-177	5-5-178	5-5-179
项　目		图像处理器	特技机	多点控制器 MCU（单点）	会议终端
名　称	单位	消　耗　量			
人工　合计工日	工日	2.000	3.000	8.000	0.800
一般技工	工日	2.000	3.000	8.000	0.800
材料　铜芯塑料绝缘电线 BV-6mm²	m	2.040	2.040	2.040	2.040
铜端子 6mm²	个	2.040	2.040	2.040	2.040
其他材料费	元	4.40	4.61	4.61	4.61
仪表　笔记本电脑	台班	1.500	—	—	—
工业用真有效值万用表	台班	0.100	0.400	0.100	0.100

4. 显 示 设 备

工作内容：开箱检查、定位、划线、接线、本体安装、参数设置、调试等。　　　　　　　　　　　　　　计量单位：台

编　号		5-5-180	5-5-181	5-5-182	5-5-183
项　目		显示器			
		摆放		壁挂或悬挂	
		≤50″	>50″	≤50″	>50″
名　称	单位	消　耗　量			
人工　合计工日	工日	0.800	1.500	1.300	2.600
一般技工	工日	0.800	1.500	1.300	2.600
材料　其他材料费	元	4.20	4.20	4.20	4.20
机械　手动液压叉车	台班	—	0.300	—	0.500
平台作业升降车 9m	台班	—	—	0.500	0.500
仪表　工业用真有效值万用表	台班	0.200	0.200	0.200	0.200

工作内容: 开箱检查、定位划线、接线、本体安装、参数设置、调试等。 　　　　　　　**计量单位:** 台

编　　号		5-5-184	5-5-185	5-5-186	5-5-187
项　　目		投影仪（lm）			
		摆放式		吊装式	
		5 000 以下	5 000 以上	5 000 以下	5 000 以上
名　　称	单位	消　耗　量			
人工 合计工日	工日	0.300	0.500	0.800	1.000
一般技工	工日	0.300	0.500	0.800	1.000
材料 监视器吊架	台	—	—	（1.000）	（1.000）
其他材料费	元	4.20	4.20	4.20	4.20

工作内容: 开箱检查、定位划线、接线、本体安装调试等。 　　　　　　　　　**计量单位:** 套

编　　号		5-5-188
项　　目		电子白板
名　　称	单位	消　耗　量
人工 合计工日	工日	2.000
一般技工	工日	2.000
材料 其他材料费	元	4.20
仪表 笔记本电脑	台班	1.000
工业用真有效值万用表	台班	0.050

工作内容：开箱检查、定位划线、设备组装、接线、本体安装、调整等。　　　　　　　　　　计量单位：套

编　号		5-5-189	5-5-190	5-5-191
项　目		卷帘屏幕		软幕
		≤120″	>120″	
名　称	单位	消　耗　量		
人工　合计工日	工日	2.000	4.000	2.000
一般技工	工日	2.000	4.000	2.000
材料　其他材料费	元	4.20	4.20	4.20

工作内容：开箱检查、定位划线、设备组装、接线、本体安装、调整等。　　　　　　　　　　计量单位：套

编　号		5-5-192	5-5-193
项　目		硬质银幕、金属幕	
		≤100″	>100″
名　称	单位	消　耗　量	
人工　合计工日	工日	1.500	4.000
一般技工	工日	1.500	4.000
材料　其他材料费	元	4.20	4.20

工作内容: 开箱检查、定位划线、设备组装、接线、本体安装调试等。　　　　　　　　　**计量单位:**套

编　号			5-5-194	5-5-195	5-5-196
项　目			背投箱体		
			80″以下	120″以下	120″以上
名　称		单位	消　耗　量		
人工	合计工日	工日	3.000	6.000	8.000
	一般技工	工日	3.000	6.000	8.000
材料	其他材料费	元	4.20	4.20	4.20
仪表	笔记本电脑	台班	1.000	1.500	2.000

工作内容: 开箱检查、定位划线、设备组装、接线、本体安装、参数设置、调试等。

编　号			5-5-197	5-5-198	5-5-199	5-5-200	5-5-201	5-5-202
项　目			拼接控制器(输入＋输出)			拼接卡	拼接屏	
			≤16路	≤32路	>32路		50″以下	50″以上
单　位			套			个	台	
名　称		单位	消　耗　量					
人工	合计工日	工日	4.000	6.000	8.000	0.500	1.500	2.000
	一般技工	工日	4.000	6.000	8.000	0.500	1.500	2.000
材料	其他材料费	元	4.20	4.20	4.20	4.20	4.20	4.20
仪表	笔记本电脑	台班	2.000	3.500	3.500	0.200	0.500	0.500

工作内容: 开箱检查、定位划线、基础预埋、设备组装、接线、接地、本体安装、参数
　　　　　 设置、调试等。

计量单位: m²

编　号			5-5-203	5-5-204	5-5-205
项　目			LED 显示屏(壁挂、吊装)		
			室内		室外
			双基色	全彩	全彩、双基色
名　称		单位	消　耗　量		
人工	合计工日	工日	1.500	2.250	2.500
	一般技工	工日	1.500	2.250	2.500
材料	其他材料费	元	4.20	4.20	4.20
机械	平台作业升降车 9m	台班	0.050	0.050	0.050
仪表	笔记本电脑	台班	0.300	0.300	0.300
	对讲机(一对)	台班	—	—	0.500
	工业用真有效值万用表	台班	0.050	0.050	0.050

工作内容: 开箱检查、接线、本体安装、参数设置、调试等。

计量单位: 套

编　号			5-5-206
项　目			提词器
名　称		单位	消　耗　量
人工	合计工日	工日	0.500
	一般技工	工日	0.500
仪表	笔记本电脑	台班	0.200

5. 录放设备和跳线安装

工作内容: 开箱检查、本体安装、参数设置、调试等。　　　　　　　　　　　　　　　　**计量单位:台**

编　　号		5-5-207	5-5-208
项　　目		录像机 / 放像机	放像机
名　　称	单位	消　耗　量	
人工　合计工日	工日	2.000	1.000
一般技工	工日	2.000	1.000
材料　其他材料费	元	4.20	4.20

工作内容: 量裁线缆、线缆与插头的安装焊接、测试等。

编　　号		5-5-209	5-5-210	5-5-211	5-5-212
项　　目		视频跳线制作	视频跳线安装	BNC 插头	VGA 插头
		条		个	
名　　称	单位	消　耗　量			
人工　合计工日	工日	0.100	0.050	0.120	0.190
一般技工	工日	0.100	0.050	0.120	0.190
材料　BNC-50KY 插头、插座	套	—	—	（1.010）	—
插头	个	—	—	—	（1.010）
同轴电缆	m	（1.000）	—	—	—
同轴电缆终端接头及附件	套	（2.020）	—	—	—
其他材料费	元	0.51	0.51	0.45	0.45
仪表　工业用真有效值万用表	台班	0.020	0.020	0.020	0.060

6. 视频系统设备调试

工作内容: 整套系统联调、功能测试、完成系统调测报告。 计量单位: 系统

编　号			5-5-213	5-5-214
项　目			视频系统设备调试	
			信号通道数（个）	
			≤20	>20,每增加5
名　称		单位	消　耗　量	
人工	合计工日	工日	15.000	1.200
	高级技工	工日	15.000	1.200
仪表	彩色监视器	台班	3.500	0.500
	笔记本电脑	台班	5.000	1.000
	工业用真有效值万用表	台班	5.000	1.000
	对讲机（一对）	台班	5.000	1.000

7. 视频系统测量

工作内容: 测量视频系统的性能,完成测试报告。 计量单位: 系统

编　号			5-5-215	5-5-216
项　目			测量指标	
			显示屏图像清晰度、显示屏对比度、视角	显示屏亮度
名　称		单位	消　耗　量	
人工	合计工日	工日	0.200	0.400
	高级技工	工日	0.200	0.400
仪表	彩色亮度计	台班	0.100	0.200
	电视信号发生器	台班	0.100	0.200

工作内容：测量视频系统的性能，完成测试报告。　　　　　　　　　　　　　　**计量单位：**系统

编　号			5-5-217	5-5-218	5-5-219
项　目			测量指标		
			亮度均匀性	色度不均匀性	换帧频率（LED）、刷新频率
名　称		单位	消　耗　量		
人工	合计工日	工日	1.000	1.000	0.400
	高级技工	工日	1.000	1.000	0.400
仪表	彩色亮度计	台班	0.500	—	—
	色度计	台班	—	0.500	—
	示波器	台班	—	—	0.200
	电视信号发生器	台班	0.500	0.500	—

工作内容：测量视频系统的性能，完成测试报告。　　　　　　　　　　　　　　**计量单位：**系统

编　号			5-5-220	5-5-221	5-5-222	5-5-223	5-5-224
项　目			测量指标				
			像素失控率（LED）	色域覆盖率（LED）	信噪比	通断比（LED）	灰度等级
名　称		单位	消　耗　量				
人工	合计工日	工日	1.000	0.400	0.200	0.200	0.200
	高级技工	工日	1.000	0.400	0.200	0.200	0.200
仪表	彩色亮度计	台班	—	—	—	0.100	—
	电视信号发生器	台班	0.500	0.200	0.100	0.100	0.100
	视频分析仪	台班	—	—	0.100	—	—
	色度计	台班	—	0.200	—	—	—

工作内容：测量视频系统的性能,完成测试报告。 计量单位:系统

编　　号		5-5-225	5-5-226
项　　目		测量指标	
		平整度	图像拼接误差
名　　称	单位	消　耗　量	
人工 合计工日	工日	0.400	0.500
高级技工	工日	0.400	0.500
仪表 电视信号发生器	台班	—	0.200

8. 视频系统试运行

工作内容：进行试运行、完成试运行报告等。 计量单位:系统

编　　号		5-5-227
项　　目		系统试运行
名　　称	单位	消　耗　量
人工 合计工日	工日	60.000
高级技工	工日	60.000
仪表 彩色监视器	台班	10.000
笔记本电脑	台班	20.000
工业用真有效值万用表	台班	10.000
对讲机（一对）	台班	20.000

第六章　安全防范系统工程

说　　明

一、本章内容包括入侵探测、出入口控制、巡更、电视监控、安全检查、停车场管理等设备安装工程。

二、安全防范系统工程中的显示装置等项目执行本册第五章相关项目。

三、安全防范系统工程中的服务器、网络设备、工作站、软件、存储设备等项目执行本册第一章相关项目。跳线制作、安装等项目执行本册第二章相关项目。

四、有关场地电气安装工程项目执行第四册《电气设备安装工程》相应项目。

工程量计算规则

一、入侵探测设备安装、调试,以"套"为计量单位。

二、报警信号接收机安装、调试,以"系统"为计量单位。

三、出入口控制设备安装、调试,以"台"为计量单位。

四、巡更设备安装、调试,以"套"为计量单位。

五、电视监控设备安装、调试,以"台"为计量单位。

六、防护罩安装,以"套"为计量单位。

七、摄像机支架安装,以"套"为计量单位。

八、安全检查设备安装,以"台"或"套"为计量单位。

九、停车场管理设备安装,以"台(套)"为计量单位。

十、安全防范分系统调试及系统工程试运行,均以"系统"为计量单位。

一、入侵探测设备安装、调试

1. 入侵探测器

工作内容：开箱检查、设备组装、检查基础、划线、定位、接线、本体安装调试。　　　　　　　　　**计量单位**：套

编　号		5-6-1	5-6-2	5-6-3	5-6-4
项　目		门磁、窗磁开关		紧急脚踏开关	
		有线	无线	有线	无线
名　称	单位	消　耗　量			
人工　合计工日	工日	0.150	0.130	0.150	0.130
一般技工	工日	0.150	0.130	0.150	0.130
材料　其他材料费	元	4.37	4.37	4.37	4.37
仪表　工业用真有效值万用表	台班	0.050	—	0.050	—

工作内容：开箱检查、设备组装、检查基础、划线、定位、接线、本体安装调试。

编　号		5-6-5	5-6-6	5-6-7
项　目		紧急手动开关		主动红外探测器（对）
		有线	无线	
单　位		套		对
名　称	单位	消　耗　量		
人工　合计工日	工日	0.150	0.120	0.900
一般技工	工日	0.150	0.120	0.900
材料　其他材料费	元	4.37	4.37	4.37
仪表　工业用真有效值万用表	台班	0.050	0.050	0.050

工作内容: 开箱检查、设备组装、检查基础、划线、定位、接线、本体安装调试。　　　　　　　**计量单位:** 套

编　号		5-6-8	5-6-9	5-6-10
项　目		被动红外探测器		红外幕帘探测器
		有线	无线	
名　称	单位	消　耗　量		
人工 合计工日	工日	0.480	0.420	0.900
一般技工	工日	0.480	0.420	0.900
材料 其他材料费	元	4.37	4.37	4.37
仪表 工业用真有效值万用表	台班	0.050	—	0.050

工作内容: 开箱检查、设备组装、检查基础、划线、定位、接线、本体安装调试。　　　　　　　**计量单位:** 套

编　号		5-6-11	5-6-12	5-6-13	5-6-14
项　目		多技术复合探测器			微波探测器
		吸顶	壁装	长距离	
名　称	单位	消　耗　量			
人工 合计工日	工日	0.900	1.080	1.200	0.600
一般技工	工日	0.900	1.080	1.200	0.600
材料 其他材料费	元	4.37	4.37	4.37	4.37
仪表 工业用真有效值万用表	台班	0.050	0.050	0.050	0.050

工作内容: 开箱检查、设备组装、检查基础、划线、定位、接线、本体安装调试。

编　　号		5-6-15	5-6-16	5-6-17
项　　目		微波墙式探测器	超声波探测器、玻璃破碎探测器	激光探测器（一收、一发）
单　　位		对	套	
名　　称	单位	消　耗　量		
人工 合计工日	工日	0.780	0.720	0.900
人工 一般技工	工日	0.780	0.720	0.900
材料 其他材料费	元	4.37	4.37	4.37
仪表 工业用真有效值万用表	台班	0.050	0.050	0.050

工作内容: 开箱检查、设备组装、检查基础、划线、定位、接线、本体安装调试。

编　　号		5-6-18	5-6-19	5-6-20	5-6-21	5-6-22
项　　目		振动探测器	电子围栏控制器	无线按钮控制器	振动泄露电缆	电子围栏
单　　位		套			m	延长米
名　　称	单位	消　耗　量				
人工 合计工日	工日	0.780	1.500	0.200	0.150	0.200
人工 一般技工	工日	0.780	1.500	0.200	0.150	0.200
材料 其他材料费	元	4.37	4.37	4.37	0.65	0.97
仪表 工业用真有效值万用表	台班	0.050	0.050	0.050	—	—

工作内容: 开箱检查、设备组装、检查基础、划线、定位、接线、本体安装调试。　　　　　**计量单位:** 套

编　号			5-6-23	5-6-24	5-6-25
项　目			驻波探测器、泄露电缆控制器（不含线缆）	无线报警探测器	感应式控制器（不含线）、振动电缆控制器
名　称		单位	消　耗　量		
人工	合计工日	工日	1.500	1.400	2.500
	一般技工	工日	1.500	1.400	2.500
材料	其他材料费	元	4.37	4.37	4.37
仪表	工业用真有效值万用表	台班	0.050	0.050	0.050

工作内容: 开箱检查、设备组装、检查基础、划线、定位、接线、本体安装调试。　　　　　**计量单位:** 套

编　号			5-6-26	5-6-27	5-6-28
项　目			报警声音复核装置（声音探头）	无线传输报警按钮	探测器支架安装
名　称		单位	消　耗　量		
人工	合计工日	工日	0.500	0.250	0.200
	一般技工	工日	0.500	0.250	0.200
材料	其他材料费	元	4.37	4.28	0.61
仪表	工业用真有效值万用表	台班	0.050	0.050	—

2. 入侵报警控制器

工作内容: 开箱检查、接线、本体安装调试。　　　　　　　　　　**计量单位:** 套

编　号			5-6-29	5-6-30	5-6-31	5-6-32
项　目			多线制报警控制器（路以内）			
			8	16	32	64
名　称		单位	消　耗　量			
人工	合计工日	工日	8.000	10.000	12.500	16.000
	一般技工	工日	8.000	10.000	12.500	16.000
材料	其他材料费	元	2.72	3.24	4.28	4.36
仪表	工业用真有效值万用表	台班	0.500	0.600	0.800	1.000

工作内容: 开箱检查、接线、本体安装调试。　　　　　　　　　　**计量单位:** 套

编　号			5-6-33	5-6-34	5-6-35
项　目			总线制报警控制器（路以内）		
			8	16	32
名　称		单位	消　耗　量		
人工	合计工日	工日	6.000	9.000	11.000
	一般技工	工日	6.000	9.000	11.000
材料	其他材料费	元	2.72	3.24	4.28
仪表	工业用真有效值万用表	台班	0.500	0.600	0.800

工作内容： 开箱检查、接线、本体安装调试。　　　　　　　　　　　　　　　　　　　　　　　　计量单位：套

编　号		5-6-36	5-6-37	5-6-38
项　目		总线制报警控制器（路以内）		
		64	128	256
名　称	单位	消　耗　量		
人工　合计工日	工日	14.000	17.000	22.000
一般技工	工日	14.000	17.000	22.000
材料　其他材料费	元	4.36	4.40	4.80
仪表　工业用真有效值万用表	台班	1.000	3.000	5.000

工作内容： 开箱检查、接线、本体安装调试。　　　　　　　　　　　　　　　　　　　　　　　　计量单位：套

编　号		5-6-39	5-6-40	5-6-41
项　目		地址模块（路以内）		
		2	4	8
名　称	单位	消　耗　量		
人工　合计工日	工日	0.300	0.400	0.600
一般技工	工日	0.300	0.400	0.600
材料　其他材料费	元	3.81	4.41	4.61
仪表　工业用真有效值万用表	台班	0.100	0.100	0.200

工作内容：开箱检查、设备组装、接线、本体安装调试。　　　　　　　　　　　　计量单位：套

编　号		5-6-42	5-6-43	5-6-44
项　目		有线对讲主机（路以内）		用户机
		8	16	
名　称	单位	消　耗　量		
人工　合计工日	工日	4.000	7.500	0.300
一般技工	工日	4.000	7.500	0.300
材料　其他材料费	元	4.24	4.82	2.81
仪表　工业用真有效值万用表	台班	1.000	1.500	0.050

3. 入侵报警中心显示设备

工作内容：开箱检查、设备组装、接线、安装调试。　　　　　　　　　　　　计量单位：套

编　号		5-6-45
项　目		警灯、警铃、警号
名　称	单位	消　耗　量
人工　合计工日	工日	0.100
一般技工	工日	0.100
材料　其他材料费	元	4.20
仪表　工业用真有效值万用表	台班	0.050

4. 入侵报警信号传输设备

工作内容： 开箱检查、设备组装、接线、本体安装调试。   计量单位：套

编　号			5-6-46	5-6-47	5-6-48
项　目			有线报警信号前端传输设备（不含线缆）		联动通信接口
			电话线传输发送器、电源线传输发送器、专线传输发送器	网络传输接口	
名　称		单位	消　耗　量		
人工	合计工日	工日	3.000	0.500	1.500
	一般技工	工日	3.000	0.500	1.500
材料	其他材料费	元	4.81	4.81	4.81
仪表	工业用真有效值万用表	台班	0.100	0.100	0.100

工作内容： 开箱检查、设备组装、接线、本体安装调试。   计量单位：系统

编　号			5-6-49	5-6-50	5-6-51
项　目			报警信号接收机（不含线缆）		
			专线传输接收机、电话线接收机、共用天线信号接收机	电源线接收机	无线门磁开关接收器
名　称		单位	消　耗　量		
人工	合计工日	工日	3.500	4.500	4.000
	一般技工	工日	3.500	4.500	4.000
材料	其他材料费	元	4.81	4.81	4.81
仪表	工业用真有效值万用表	台班	0.500	0.500	0.500

工作内容: 开箱检查、搬运安装、功能检查、性能测试、通信实验。　　　　　　　**计量单位:** 套

编　号		5-6-52	5-6-53	5-6-54
项　目		无线报警发送、接收设备		
		发送设备(·W)		无线报警接收设备
		2 以下	5 以下	
名　称	单位	消　耗　量		
人工	合计工日	工日	2.000	3.000	3.000
	一般技工	工日	2.000	3.000	3.000
材料	铜芯塑料绝缘电线 BV–6mm²	m	2.040	2.040	2.040
	铜端子 6mm²	个	2.040	2.040	2.040
	其他材料费	元	0.16	0.16	—
仪表	小功率计	台班	0.300	0.300	—

二、出入口设备安装、调试

1. 出入口目标识别设备

工作内容: 开箱检查、设备组装、接线,本体安装。　　　　　　　　　　**计量单位:** 台

编　号		5-6-55	5-6-56	5-6-57	5-6-58
项　目		读卡器		人体生物特征识别系统	
		不带键盘	带键盘	采集器	识别器
名　称	单位	消　耗　量			
人工	合计工日	工日	0.500	0.700	0.500	1.200
	一般技工	工日	0.500	0.700	0.500	1.200
材料	其他材料费	元	4.37	4.37	4.37	4.37
仪表	工业用真有效值万用表	台班	0.100	0.100	0.050	0.050

工作内容: 开箱检查、设备组装、接线,本体安装。　　　　　　　　　　　　　　　　　　　　　　**计量单位:** 台

编　号			5-6-59	5-6-60
项　目			密码键盘	出入门按钮
名　称		单位	消　耗　量	
人工	合计工日	工日	0.500	0.100
	一般技工	工日	0.500	0.100
材料	其他材料费	元	4.37	—
仪表	工业用真有效值万用表	台班	0.050	—

2. 出入口控制设备

工作内容: 开箱检查、设备组装、接线、本体安装测试。　　　　　　　　　　　　　　　　　　　**计量单位:** 台

编　号			5-6-61	5-6-62	5-6-63	5-6-64	5-6-65
项　目			门禁控制器				
			单门	双门	四门	八门	十六门
名　称		单位	消　耗　量				
人工	合计工日	工日	1.000	1.800	3.200	5.500	8.500
	一般技工	工日	1.000	1.800	3.200	5.500	8.500
材料	其他材料费	元	2.51	3.34	3.92	4.12	4.87
仪表	工业用真有效值万用表	台班	0.200	0.400	0.600	1.000	2.000

3. 出入口执行机构设备

工作内容：开箱检查、设备组装、接线、本体安装测试。　　　　　　　　　**计量单位：台**

编　号			5-6-66	5-6-67	5-6-68	5-6-69
项　目			电控锁	电磁吸力锁	电子密码锁	自动闭门器
名　称		单位	消　耗　量			
人工	合计工日	工日	0.400	0.350	0.500	0.200
	一般技工	工日	0.400	0.350	0.500	0.200
材料	其他材料费	元	4.98	4.98	4.98	4.37
仪表	工业用真有效值万用表	台班	0.030	0.030	0.030	—

三、巡更设备安装、调试

工作内容：开箱检查、本体安装测试。　　　　　　　　　　　　　**计量单位：套**

编　号			5-6-70	5-6-71
项　目			电子巡更系统	
			信息钮	通信钮
名　称		单位	消　耗　量	
人工	合计工日	工日	0.100	1.500
	一般技工	工日	0.100	1.500
仪表	工业用真有效值万用表	台班	—	0.050

四、电视监控摄像设备安装、调试

1. 监控摄像设备

工作内容: 开箱检查、设备组装、检查基础、安装设备、接线、本体调试。 计量单位:台

编　号			5-6-72	5-6-73	5-6-74	5-6-75	5-6-76
项　目			彩色、黑白摄像机（含拍照功能）	半球型摄像机	球型摄像机		防爆摄像机
					室内	室外	
名　称		单位	消　耗　量				
人工	合计工日	工日	0.750	0.840	1.050	1.400	1.500
	一般技工	工日	0.750	0.840	1.050	1.400	1.500
材料	其他材料费	元	4.29	4.46	4.29	4.29	4.52
仪表	彩色监视器	台班	0.100	0.100	0.500	0.500	0.500
	工业用真有效值万用表	台班	0.050	0.050	0.050	0.050	0.050

工作内容: 开箱检查、设备组装、检查基础、安装设备、接线、本体调试。 计量单位:台

编　号			5-6-77	5-6-78	5-6-79	5-6-80
项　目			微型摄像机	室内外云台摄像机	高速智能球型摄像机	微光摄像机
名　称		单位	消　耗　量			
人工	合计工日	工日	1.400	1.610	1.960	1.750
	一般技工	工日	1.400	1.610	1.960	1.750
材料	其他材料费	元	4.29	4.46	4.53	4.53
仪表	彩色监视器	台班	0.200	0.100	0.300	0.500
	工业用真有效值万用表	台班	0.050	0.050	0.050	0.050

工作内容: 开箱检查、本体安装调试。 计量单位:台

编　号		5-6-81	5-6-82	5-6-83	5-6-84
项　目		红外光源摄像机	X光摄像机	水下摄像机	医用显微摄像机
名　称	单位	消　耗　量			
人工 合计工日	工日	1.400	0.700	2.800	0.700
一般技工	工日	1.400	0.700	2.800	0.700
材料 其他材料费	元	4.53	4.53	4.53	4.53
仪表 彩色监视器	台班	0.500	0.500	0.500	0.350
工业用真有效值万用表	台班	0.050	0.050	0.100	0.100

工作内容: 开箱检查、本体安装调试。 计量单位:台

编　号		5-6-85	5-6-86	5-6-87
项　目		定焦距		变焦变倍
		手动光圈镜头	自动光圈镜头	
名　称	单位	消　耗　量		
人工 合计工日	工日	0.200	0.300	0.420
一般技工	工日	0.200	0.300	0.420
仪表 彩色监视器	台班	0.100	0.100	0.100

工作内容: 开箱检查、本体安装调试。 **计量单位:** 台

	编　号		5-6-88
	项　目		变焦变倍
			电动光圈镜头
	名　称	单位	消　耗　量
人工	合计工日	工日	0.350
	一般技工	工日	0.350
仪表	彩色监视器	台班	0.100

工作内容: 开箱检查、本体安装调试。 **计量单位:** 套

	编　号		5-6-89	5-6-90	5-6-91	5-6-92
	项　目		摄像机防护罩			
			普通	密封	全天候	防爆
	名　称	单位	消　耗　量			
人工	合计工日	工日	0.150	0.250	0.750	0.600
	一般技工	工日	0.150	0.250	0.750	0.600
材料	其他材料费	元	2.94	2.94	2.94	2.94

工作内容: 开箱检查、划线、定位、打孔、安装、紧固。　　　　　　　　　　　　　　　　　　　　**计量单位:** 套

编　号			5-6-93	5-6-94	5-6-95	5-6-96
项　目			摄像机支架			摄像机云台（载重量 kg）
			壁式	悬挂式	立柱式	8 以下
名　称		单位	消　耗　量			
人工	合计工日	工日	0.400	0.600	0.480	0.800
	一般技工	工日	0.400	0.600	0.480	0.800
材料	其他材料费	元	5.34	5.34	5.34	1.22
仪表	工业用真有效值万用表	台班	—	—	—	0.100

工作内容: 开箱检查、固定、接线、本体安装调试。　　　　　　　　　　　　　　　　　　　　**计量单位:** 台

编　号			5-6-97	5-6-98	5-6-99	5-6-100
项　目			摄像机云台（载重量 kg）		云台控制器	照明灯（含红外灯）
			25 以下	45 以下		
名　称		单位	消　耗　量			
人工	合计工日	工日	2.000	2.500	1.200	0.300
	一般技工	工日	2.000	2.500	1.200	0.300
材料	其他材料费	元	1.84	1.84	4.85	4.50
机械	平台作业升降车 9m	台班	0.500	0.500	—	—
	手动液压叉车	台班	—	0.500	—	—
仪表	对讲机（一对）	台班	—	—	0.250	—
	彩色监视器	台班	—	—	0.500	—
	工业用真有效值万用表	台班	0.100	0.100	0.300	0.100

工作内容：设备开箱、检查、划线、定位、固定、接地。 计量单位：台

编　号			5-6-101	5-6-102	5-6-103	5-6-104
项　目			控制台和监视器柜架			
			单联控制台机架	双联控制台机架	监视器柜	监视器吊架
名　称		单位	消　耗　量			
人工	合计工日	工日	1.500	2.000	2.470	1.000
	一般技工	工日	1.500	2.000	2.470	1.000
材料	铜芯塑料绝缘电线 BV–6mm²	m	2.040	2.040	2.040	2.040
	铜端子 6mm²	个	2.020	2.020	2.020	2.020
	其他材料费	元	—	—	—	0.61
机械	手动液压叉车	台班	0.300	0.400	0.494	—
仪表	钳形接地电阻测试仪	台班	0.300	0.050	0.050	0.050

2. 视频控制设备

工作内容：开箱检查、接线、本体安装调试。 计量单位：台

编　号			5-6-105	5-6-106	5-6-107
项　目			矩阵切换设备（路以下）		
			8	16	32
名　称		单位	消　耗　量		
人工	合计工日	工日	2.000	3.000	5.000
	一般技工	工日	2.000	3.000	5.000
材料	其他材料费	元	4.37	4.37	4.37
仪表	彩色监视器	台班	1.000	1.000	1.000
	工业用真有效值万用表	台班	0.300	0.400	0.600

工作内容: 开箱检查、接线、本体安装调试。　　　　　　　　　　　　　　　　　计量单位:台

编　号			5-6-108	5-6-109	5-6-110
项　目			矩阵切换设备(路以下)		
			64	128	256
名　称		单位	消　耗　量		
人工	合计工日	工日	8.000	11.000	15.000
	一般技工	工日	8.000	11.000	15.000
材料	铜芯塑料绝缘电线 BV–6mm^2	m	2.040	2.040	2.040
	铜端子 6mm^2	个	2.040	2.040	2.040
	其他材料费	元	4.37	4.37	4.37
仪表	彩色监视器	台班	1.000	1.000	1.000
	工业用真有效值万用表	台班	1.200	3.000	3.000

工作内容: 开箱检查、接线、本体安装调试。　　　　　　　　　　　　　　　　　计量单位:台

编　号			5-6-111	5-6-112	5-6-113	5-6-114
项　目			多画面分割器(合成器　画面)			
			4	9	16	24
名　称		单位	消　耗　量			
人工	合计工日	工日	0.600	1.300	2.100	2.500
	一般技工	工日	0.600	1.300	2.100	2.500
材料	其他材料费	元	4.37	4.37	4.37	4.37
仪表	工业用真有效值万用表	台班	0.300	0.300	0.400	0.400

3. 视频传输设备

工作内容: 开箱检查、接线、本体安装调试。　　　　　　　　　　　　　　计量单位:台

编　号			5-6-115	5-6-116	5-6-117	5-6-118
项　目			视频传输设备			
			多路遥控发射设备	接收设备	编码器、解码器	
					≤4 路	>4 路
名　称		单位	消　耗　量			
人工	合计工日	工日	4.000	3.000	0.400	0.800
	一般技工	工日	4.000	3.000	0.400	0.800
材料	其他材料费	元	4.37	4.37	4.37	4.73
仪表	笔记本电脑	台班	—	0.500	0.200	0.400
	小功率计	台班	0.500	—	—	—
	工业用真有效值万用表	台班	0.500	—	0.100	0.200

4. 录 像 设 备

工作内容: 开箱检查、接线、本体安装调试。　　　　　　　　　　　　　　计量单位:台

编　号			5-6-119	5-6-120	5-6-121	5-6-122	5-6-123	5-6-124	5-6-125
项　目			录像设备				视频服务器		
			不带编辑机	带编辑机	时滞录像机	磁带录像机	50 路以下视频	100 路以下视频	200 路以下视频
名　称		单位	消　耗　量						
人工	合计工日	工日	0.700	1.500	0.700	0.600	8.000	15.000	20.000
	一般技工	工日	0.700	1.500	0.700	0.600	8.000	15.000	20.000
材料	铜芯塑料绝缘电线 BV-6mm²	m	—	—	—	—	2.040	2.040	2.040
	铜端子 6mm²	个	—	—	—	—	2.040	2.040	2.040
	其他材料费	元	4.37	4.37	4.37	4.37	2.34	3.21	4.98
仪表	接地电阻测试仪	台班	—	—	—	—	0.050	0.050	0.050
	笔记本电脑	台班	—	—	—	—	3.000	5.000	8.000

工作内容：开箱检查、接线、本体安装调试。　　　　　　　　　　　　　　计量单位：台

编　号		5-6-126	5-6-127
项　目		中心控制器	主控键盘
名　称	单位	消　耗　量	
人 工 合计工日	工日	2.000	0.800
一般技工	工日	2.000	0.800
材 料 其他材料费	元	0.16	—

五、安全检查设备安装、调试

工作内容：开箱检查、安装接线、本体安装调试。　　　　　　　　　　　　计量单位：台／系统

编　号		5-6-128	5-6-129	5-6-130	5-6-131
项　目		X 射线安全检查设备		金属武器探测门	X 射线安检设备数据管理系统
		单通道	双通道		通道数 10 以下
名　称	单位	消　耗　量			
人 工 合计工日	工日	14.000	17.000	8.500	48.000
一般技工	工日	14.000	17.000	8.500	48.000
材 料 冷压接线端头 RJ4r	个	—	—	—	40.000
其他材料费	元	2.10	4.74	2.81	2.97
机 械 叉式起重机 3t	台班	1.000	1.200	0.500	—
对讲机（一对）	台班	—	—	—	1.000
仪 表 笔记本电脑	台班	3.000	3.000	1.000	2.000
网络测试仪	台班	—	—	—	2.000
工业用真有效值万用表	台班	2.000	2.000	0.500	2.000

工作内容： 开箱检查、安装接线、本体安装调试。　　　　　　　　　　　　　　　　　　　　　计量单位：套

	编　号		5-6-132	5-6-133	5-6-134	5-6-135
	项　目		X 射线探测设备		环形线圈车辆检测器	
			便携式	台式	单通道	双通道
	名　称	单位	消　耗　量			
人工	合计工日	工日	3.000	3.000	1.800	3.600
	一般技工	工日	3.000	3.000	1.800	3.600
材料	绝缘导线	m	—	—	30.000	60.000
	其他材料费	元	—	3.28	3.79	4.97
机械	半自动切割机 100mm	台班	—	—	0.500	0.750
	叉式起重机 3t	台班	—	0.200	—	—
	电瓶车 2.5t	台班	—	0.200	—	—
仪表	笔记本电脑	台班	1.000	—	—	—
	X.Y 辐射剂测量仪	台班	0.200	0.200	—	—
	工业用真有效值万用表	台班	—	0.100	0.100	0.100
	兆欧表	台班	—	—	0.200	0.200

工作内容： 开箱检查、定位、安装、接线、电气调试、指标测试。　　　　　　　　　　　　　　　计量单位：套

	编　号		5-6-136	5-6-137
	项　目		LED 可变信息标志	
			门架式	悬臂式
	名　称	单位	消　耗　量	
人工	合计工日	工日	30.000	18.000
	一般技工	工日	30.000	18.000
材料	其他材料费	元	4.75	3.45
机械	平台作业升降车 9m	台班	4.000	2.000
仪表	对讲机（一对）	台班	4.000	4.000
	工业用真有效值万用表	台班	2.000	2.000

六、停车场管理设备安装、调试

工作内容：开箱检查、定位、安装、接线、电气调试、指标测试。 计量单位：台

编 号			5-6-138	5-6-139	5-6-140	5-6-141
项 目			停车场显示设备			
			停车场、出入口标志牌	空满标志牌	车位占用显示牌	通行诱导信息牌
名 称		单位	消 耗 量			
人 工	合计工日	工日	3.000	2.000	2.000	1.500
	一般技工	工日	3.000	2.000	2.000	1.500
材料	其他材料费	元	2.05	4.79	4.79	4.78
机械	平台作业升降车 9m	台班	0.500	0.500	0.500	0.500
仪表	笔记本电脑	台班	0.500	0.500	0.500	0.500
	工业用真有效值万用表	台班	0.200	0.200	0.050	0.200

工作内容：开箱检查、定位、安装、接线、电气调试、指标测试。 计量单位：台

编 号			5-6-142	5-6-143	5-6-144	5-6-145
项 目			栏杆装置		视频传输设备	纸质磁条通行券写、读机
			电动栏杆	手动栏杆		
名 称		单位	消 耗 量			
人 工	合计工日	工日	3.000	1.000	0.250	2.000
	一般技工	工日	3.000	1.000	0.250	2.000
材料	其他材料费	元	56.40	4.40	2.50	2.50
机械	手动液压叉车	台班	0.500	0.200	—	—
仪表	工业用真有效值万用表	台班	0.500	—	—	—

工作内容： 开箱检查、定位、安装、线缆连接、电气调试、指标测试。　　　　　　　　　　　计量单位：台

编　　号			5-6-146	5-6-147	5-6-148
项　　目			远距离读卡	非接触式 IC 卡读写机	自动收、发卡机
名　　称		单位	消　耗　量		
人工	合计工日	工日	2.000	1.200	1.800
	一般技工	工日	2.000	1.200	1.800
材料	其他材料费	元	0.78	0.78	0.78
仪表	工业用真有效值万用表	台班	0.200	0.200	0.200

工作内容： 开箱检查、定位、安装、线缆连接、电气调试、指标测试。　　　　　　　　　　　计量单位：台

编　　号			5-6-149	5-6-150	5-6-151
项　　目			车辆牌照识别装置	红外车辆识别装置	挡车器
名　　称		单位	消　耗　量		
人工	合计工日	工日	3.600	4.000	2.000
	一般技工	工日	3.600	4.000	2.000
材料	其他材料费	元	4.37	4.37	4.87
机械	手动液压叉车	台班	—	—	0.400
仪表	彩色监视器	台班	1.000	1.000	—
	工业用真有效值万用表	台班	1.000	2.000	0.200

七、安全防范分系统调试

工作内容：系统调试、参数（指标）设置、完成自检测试报告。　　　　　　　　　　　**计量单位：**系统

编　号		5-6-152	5-6-153	5-6-154	5-6-155
项　目		入侵报警系统（个点）		电视监视系统（台）	
		30 以下	30 以上，每增 5	50 以下	50 以上，每增 10
名　称	单位	消　耗　量			
人工　合计工日	工日	20.000	2.500	25.000	2.500
高级技工	工日	20.000	2.500	25.000	2.500
仪表　对讲机（一对）	台班	3.000	0.300	3.000	0.500
工业用真有效值万用表	台班	2.000	0.200	2.500	0.250

工作内容：系统调试、参数（指标）设置、完成自检测试报告。　　　　　　　　　　　**计量单位：**系统

编　号		5-6-156	5-6-157	5-6-158	5-6-159
项　目		出入口控制系统（门）		电子巡更（个点）	
		50 以下	50 以上，每增 5	50 以下	50 以上，每增 50
名　称	单位	消　耗　量			
人工　合计工日	工日	22.000	1.800	12.000	2.500
高级技工	工日	22.000	1.800	12.000	2.500
仪表　对讲机（一对）	台班	5.000	0.400	—	—
笔记本电脑	台班	4.000	0.250	—	—
工业用真有效值万用表	台班	—	—	1.000	0.200

工作内容：系统调试、参数（指标）设置、完成自检测试报告。 计量单位：系统

编　号		5-6-160	5-6-161
项　目		停车场管理系统	
		2 进 2 出以内	增加 1 进 1 出
名　称	单位	消　耗　量	
人 工	合计工日	工日	3.500	1.000
	高级技工	工日	3.500	1.000
仪 表	对讲机（一对）	台班	0.500	0.100
	笔记本电脑	台班	0.500	0.100

八、安全防范系统调试

工作内容：安防系统联合调试、联动现场测量、记录、对比、调整。 计量单位：系统

编　号			5-6-162	5-6-163	5-6-164
项　目			安防系统联合调试（点以下）		
			200	400	600
名　称		单位	消　耗　量		
人 工	合计工日	工日	25.000	45.000	70.000
	高级技工	工日	25.000	45.000	70.000
材 料	打印纸 132-1	箱	0.100	0.200	0.300
	其他材料费	元	2.41	2.89	3.71
仪 表	对讲机（一对）	台班	20.000	35.000	50.000
	笔记本电脑	台班	5.000	10.000	15.000
	宽行打印机	台班	8.000	15.000	22.000
	彩色监视器	台班	5.000	10.000	15.000
	工业用真有效值万用表	台班	10.000	20.000	30.000

工作内容：安防系统联合调试、联动现场测量、记录、对比、调整。　　　　　　　　　　　**计量单位：**系统

编　号			5-6-165	5-6-166	5-6-167
项　目			安防系统联合调试（点）		
			800 以下	1 000 以下	1 000 以下，每增 100
名　称		单位	消　耗　量		
人工	合计工日	工日	90.000	110.000	10.000
	高级技工	工日	90.000	110.000	10.000
材料	打印纸 132-1	箱	0.400	0.500	0.050
	其他材料费	元	3.89	4.89	1.78
仪表	对讲机（一对）	台班	60.000	80.000	6.000
	笔记本电脑	台班	20.000	25.000	2.000
	宽行打印机	台班	29.000	35.000	2.000
	彩色监视器	台班	20.000	25.000	2.000
	工业用真有效值万用表	台班	40.000	50.000	4.000

九、安全防范系统工程试运行

工作内容：系统试运行、完成试运行报告等。　　　　　　　　　　　　　　　　　　　　　**计量单位：**系统

编　号			5-6-168	5-6-169
项　目			试运行（点）	
			200 以下	200 以上，每增 200
名　称		单位	消　耗　量	
人工	合计工日	工日	45.000	15.000
	高级技工	工日	45.000	15.000
材料	打印纸 132-1	箱	0.050	0.020
仪表	对讲机（一对）	台班	20.000	5.000
	笔记本电脑	台班	2.500	1.200
	宽行打印机	台班	2.000	1.000
	彩色监视器	台班	2.000	1.000
	工业用真有效值万用表	台班	5.000	2.500

第七章　智能建筑设备防雷接地

说　　明

一、本章内容包括电涌保护器及等电位连接,配电箱电涌保护器、信号电涌保护器的安装和调试。

二、本章防雷、接地装置按成套供应考虑。

三、有关电涌保护器布放电源线缆等项目执行第四册《电气设备与线缆安装工程》相应项目。

工程量计算规则

一、电涌保护器安装、调试，以"套"为计量单位。

二、信号电涌保护器安装、调试，以"套"为计量单位。

一、电涌保护器安装、调试

1. 模块式电涌保护器安装

工作内容： 开箱检查、防护遮拦、安装、固定、接线、检验。　　　　　　　　　　　　　　　**计量单位：套**

编　号			5-7-1	5-7-2
项　目			总配电箱电涌保护器 雷电流通量（10/350μs Ⅰ类试验）	
			220V	380V
			≥12.5kA	
名　称		单位	消　耗　量	
人工	合计工日	工日	0.589	0.642
	一般技工	工日	0.589	0.642
材料	铜芯塑料绝缘软电线 BVR-6mm²	m	1.020	2.040
	铜芯塑料绝缘软电线 BVR-10mm²	m	0.510	0.510
	标准导轨 35mm²	m	0.306	0.510
	熔断器 RT18/63A	个	2.000	2.000
	棉纱	kg	0.050	0.050
	膨胀螺栓 M6~12×50~120	套	4.080	4.080
	热缩管 φ50	m	0.150	0.150
	其他材料费	元	1.29	2.25
仪表	工业用真有效值万用表	台班	0.060	0.080

工作内容: 开箱检查、防护遮拦、安装、固定、接线、检验。　　　　　　　　**计量单位:** 套

编　号			5-7-3	5-7-4
项　目			总配电箱电涌保护器 雷电流通量(8/20μs Ⅱ类试验)	
			220V	380V
			≥50kA	
名　称		单位	消　耗　量	
人工	合计工日	工日	0.483	0.483
	一般技工	工日	0.483	0.483
材料	铜芯塑料绝缘软电线 BVR–6mm²	m	1.020	2.040
	铜芯塑料绝缘软电线 BVR–10mm²	m	0.510	0.510
	标准导轨 35mm²	m	0.306	0.510
	熔断器 RT18/63A	个	2.000	4.000
	棉纱	kg	0.050	0.050
	膨胀螺栓 M6~12×50~120	套	4.080	4.080
	热缩管 φ50	m	0.150	0.150
	其他材料费	元	1.24	2.11
仪表	工业用真有效值万用表	台班	0.060	0.080

工作内容: 开箱检查、防护遮拦、安装、固定、接线、检验。　　　　　　　　**计量单位:** 套

编　号			5-7-5	5-7-6
项　目			分配电箱电涌保护器 雷电流通量(8/20μs Ⅱ类试验)	
			220V	380V
			≥10kA	
名　称		单位	消　耗　量	
人工	合计工日	工日	0.429	0.483
	一般技工	工日	0.429	0.483
材料	铜芯塑料绝缘软电线 BVR–4mm²	m	1.020	2.040
	铜芯塑料绝缘软电线 BVR–6mm²	m	0.510	0.510
	标准导轨 35mm²	m	0.306	0.510
	熔断器 RT18/63A	个	2.000	4.000
	棉纱	kg	0.050	0.050
	膨胀螺栓 M6~12×50~120	套	2.040	2.040
	热缩管 φ50	m	0.100	0.100
	其他材料费	元	1.20	1.94
仪表	工业用真有效值万用表	台班	0.060	0.080

工作内容：开箱检查、防护遮拦、安装、固定、接线、检验。 　　　　　　　　　计量单位：套

编　号		5-7-7	5-7-8	5-7-9
项　目		分配电箱电涌保护器		
		设备机房配电箱和需要特殊保护的电子信息设备端口处电涌保护器		直流电涌保护器
		标称通流容量（8/20μs Ⅱ / Ⅲ类试验）		标称通流容量（8/20μs Ⅱ类试验）
		220V	380V	24V/48V/110V/220V
		≥3kA		≥5kA
名　称	单位	消　耗　量		
人工 合计工日	工日	0.339	0.410	0.304
一般技工	工日	0.339	0.410	0.304
材料 铜芯塑料绝缘软电线 BVR–2.5mm²	m	1.020	2.040	—
铜芯塑料绝缘软电线 BVR–4mm²	m	0.510	0.510	1.020
铜芯塑料绝缘软电线 BVR–6mm²	m	—	—	0.510
标准导轨 35mm²	m	0.306	0.510	0.510
熔断器 RT18/63A	个	2.000	4.000	2.000
棉纱	kg	0.050	0.050	0.050
膨胀螺栓 M6~12×50~120	套	2.040	2.040	2.040
热缩管 φ50	m	0.100	0.100	0.100
其他材料费	元	1.57	2.18	0.91
仪表 工业用真有效值万用表	台班	0.060	0.080	0.060

2. 模块式电涌保护器调试

工作内容：通电调试。 　　　　　　　　　　　　　　　　　　　　　计量单位：套

编　号		5-7-10	5-7-11
项　目		总配电箱电涌保护器 雷电流通量（10/350μs Ⅰ类试验）	
		220V	380V
		≥12.5kA	
名　称	单位	消　耗　量	
人工 合计工日	工日	0.352	0.460
高级技工	工日	0.352	0.460
仪表 兆欧表	台班	0.020	0.030
钳形接地电阻测试仪	台班	0.030	0.030
三参数测试仪	台班	0.040	0.060
工业用真有效值万用表	台班	0.020	0.030

工作内容: 通电调试。

计量单位:套

编　　号		5-7-12	5-7-13
项　　目		总配电箱电涌保护器 雷电流通量（8/20μs Ⅱ类试验）	
		220V	380V
		≥50kA	
名　　称	单位	消　耗　量	
人工 合计工日	工日	0.390	0.498
高级技工	工日	0.390	0.498
仪表 兆欧表	台班	0.020	0.030
钳形接地电阻测试仪	台班	0.030	0.030
三参数测试仪	台班	0.040	0.060
工业用真有效值万用表	台班	0.020	0.030

工作内容: 通电调试。

计量单位:套

编　　号		5-7-14	5-7-15
项　　目		分配电箱电涌保护器 雷电流通量（8/20μs Ⅱ类试验）	
		220V	380V
		≥10kA	
名　　称	单位	消　耗　量	
人工 合计工日	工日	0.319	0.427
高级技工	工日	0.319	0.427
仪表 兆欧表	台班	0.020	0.030
钳形接地电阻测试仪	台班	0.030	0.030
三参数测试仪	台班	0.040	0.060
工业用真有效值万用表	台班	0.020	0.030

工作内容: 通电调试。

计量单位:套

编　号			5-7-16	5-7-17
项　目			分配电箱电涌保护器 设备机房配电箱和需要特殊保护的 电子信息设备端口处电涌保护器标称通流容量（8/20μs Ⅱ/Ⅲ类试验）	
			220V	380V
			≥3kA	
名　称		单位	消　耗　量	
人工	合计工日	工日	0.286	0.390
	高级技工	工日	0.286	0.390
仪表	兆欧表	台班	0.020	0.030
	钳形接地电阻测试仪	台班	0.030	0.030
	三参数测试仪	台班	0.040	0.060
	工业用真有效值万用表	台班	0.020	0.030

3. 并联箱式电涌保护器安装

工作内容: 开箱检查、防护遮拦、安装、固定、接线、检验。

计量单位:套

编　号			5-7-18	5-7-19
项　目			总配电箱电涌保护器 雷电流通量（10/350μs Ⅰ类试验）	
			220V	380V
			≥12.5kA	
名　称		单位	消　耗　量	
人工	合计工日	工日	0.589	0.642
	高级技工	工日	0.589	0.642
材料	标准导轨 35mm²	m	0.306	0.510
	铜芯塑料绝缘软电线 BVR-6mm²	m	1.020	2.040
	铜芯塑料绝缘软电线 BVR-10mm²	m	0.510	0.510
	熔断器 RT18/63A	个	2.000	2.000
	棉纱	kg	0.050	0.050
	膨胀螺栓 M6~12×50~120	套	4.080	4.080
	热缩管 φ50	m	0.150	0.150
	其他材料费	元	1.30	2.25
仪表	工业用真有效值万用表	台班	0.060	0.080

工作内容: 开箱检查、防护遮拦、安装、固定、接线、检验。　　　　　　　　　　　　　计量单位:套

编　号			5-7-20	5-7-21
项　目			总配电箱电涌保护器 雷电流通量(8/20μs Ⅱ类试验)	
			220V	380V
			≥50kA	
名　称		单位	消　耗　量	
人工	合计工日	工日	0.483	0.536
	高级技工	工日	0.483	0.536
材料	标准导轨 35mm²	m	0.306	0.510
	铜芯塑料绝缘软电线 BVR-6mm²	m	1.020	2.040
	铜芯塑料绝缘软电线 BVR-10mm²	m	0.510	0.510
	熔断器 RT18/63A	个	2.000	4.000
	棉纱	kg	0.050	0.050
	膨胀螺栓 M6~12×50~120	套	4.080	4.080
	热缩管 φ50	m	0.150	0.150
	其他材料费	元	1.24	2.11
仪表	工业用真有效值万用表	台班	0.060	0.080

工作内容: 开箱检查、防护遮拦、安装、固定、接线、检验。　　　　　　　　　　　　　计量单位:套

编　号			5-7-22	5-7-23
项　目			总配电箱电涌保护器 雷电流通量(8/20μs Ⅱ类试验)	
			220V	380V
			≥10kA	
名　称		单位	消　耗　量	
人工	合计工日	工日	0.429	0.483
	高级技工	工日	0.429	0.483
材料	标准导轨 35mm²	m	0.306	0.510
	铜芯塑料绝缘软电线 BVR-4mm²	m	1.020	2.040
	铜芯塑料绝缘软电线 BVR-6mm²	m	0.510	0.510
	熔断器 RT18/63A	个	2.000	4.000
	棉纱	kg	0.050	0.050
	膨胀螺栓 M6~12×50~120	套	4.080	4.080
	热缩管 φ50	m	0.150	0.150
	其他材料费	元	1.20	1.94
仪表	工业用真有效值万用表	台班	0.060	0.080

4. 并联箱式电涌保护器调试

工作内容：通电调试。　　　　　　　　　　　　　　　　　　　　　　计量单位：套

编　号			5-7-24	5-7-25
项　目			总配电箱电涌保护器　雷电流通量（10/350μs Ⅰ类试验）	
			220V	380V
			≥12.5kA	
名　称		单位	消　耗　量	
人工	合计工日	工日	0.352	0.460
	高级技工	工日	0.352	0.460
仪表	兆欧表	台班	0.020	0.003
	钳形接地电阻测试仪	台班	0.003	0.003
	三参数测试仪	台班	0.004	0.006
	工业用真有效值万用表	台班	0.002	0.003

工作内容：通电调试。　　　　　　　　　　　　　　　　　　　　　　计量单位：套

编　号			5-7-26	5-7-27
项　目			总配电箱电涌保护器　雷电流通量（8/20μs Ⅱ类试验）	
			220V	380V
			≥50kA	
名　称		单位	消　耗　量	
人工	合计工日	工日	0.390	0.498
	高级技工	工日	0.390	0.498
仪表	兆欧表	台班	0.020	0.003
	钳形接地电阻测试仪	台班	0.003	0.003
	三参数测试仪	台班	0.040	0.060
	工业用真有效值万用表	台班	0.020	0.003

工作内容: 通电调试。　　　　　　　　　　　　　　　　　　　　　　　　　　　　　　　　　　　　　**计量单位:** 套

编　号			5-7-28	5-7-29
项　目			总配电箱电涌保护器 雷电流通量（8/20μs Ⅱ类试验）	
			220V	380V
			≥10kA	
名　称		单位	消　耗　量	
人工	合计工日	工日	0.319	0.427
	高级技工	工日	0.319	0.427
仪表	兆欧表	台班	0.020	0.003
	钳形接地电阻测试仪	台班	0.003	0.003
	三参数测试仪	台班	0.040	0.060
	工业用真有效值万用表	台班	0.020	0.030

二、信号电涌保护器安装

工作内容: 信号检查、固定、安装、接线、检验。　　　　　　　　　　　　　　　　　　　　　　　**计量单位:** 套

编　号			5-7-30	5-7-31	5-7-32
项　目			信号电涌保护器	普通卡接式模块	标准导轨卡接式模块、智能监测型标准导轨卡接式模块
名　称		单位	消　耗　量		
人工	合计工日	工日	0.230	0.230	0.230
	一般技工	工日	0.230	0.230	0.230
材料	铜芯塑料绝缘软电线 BVR–2.5mm²	m	—	1.020	1.020
	铜芯塑料绝缘软电线 BVR–6mm²	m	0.510	0.510	0.510
	标准导轨 35mm²	m	—	—	0.204
	棉纱	kg	0.050	0.050	0.050
	其他材料费	元	0.90	0.90	0.90
仪表	线路测试仪	台班	0.050	—	—
	工业用真有效值万用表	台班	0.020	0.020	0.020

三、信号电涌保护器调试

工作内容:1.信号检验、调试。
　　　　　2.信号检查、电涌保护器调试、智能系统调试、检验。　　　　　　　　　　　**计量单位:套**

编　号		5-7-33	5-7-34	5-7-35
项　目		信号电涌保护器	普通卡接式模块、标准导轨卡接式模块	智能监测型标准导轨卡接式模块
名　称	单位	消　耗　量		
人工	合计工日	工日	0.166	0.127	0.422
	高级技工	工日	0.166	0.127	0.422
仪表	工业用真有效值万用表	台班	0.020	0.020	0.020
	驻波比测试仪	台班	0.020	—	—
	示波器	台班	0.020	0.020	0.020

四、等电位连接

工作内容:下料、钻孔、撼弯、压接、固定、检验。

编　号		5-7-36	5-7-37	5-7-38
项　目		S型等电位		
		接地汇流排	室内等电位环	接地跨接线安装
单　位		块	m	套
名　称	单位	消　耗　量		
人工	合计工日	工日	0.064	0.103	0.012
	一般技工	工日	0.064	0.103	0.012
材料	铜芯塑料绝缘软电线 BVR-6mm²	m	—	—	0.510
	其他材料费	元	4.99	2.75	2.64
仪表	工业用真有效值万用表	台班	0.020	0.020	0.020

工作内容：下料、钻孔、撼弯、压接、固定、检验。

编　号		5-7-39	5-7-40	5-7-41
项　目		M 型等电位		
		室内等电位环	室内等电位连接网络（网格宽度≤1m）	接地跨接线安装
单　位		m	m²	套
名　称	单位	消　耗　量		
人工	合计工日	工日	0.115	0.153	0.026
	一般技工	工日	0.115	0.153	0.026
材料	铜芯塑料绝缘软电线 BVR-6mm²	m	—	—	1.020
	其他材料费	元	3.11	3.69	4.99
仪表	工业用真有效值万用表	台班	0.020	0.020	0.020

工作内容：下料、钻孔、撼弯、压接、固定、检验。

编　号		5-7-42	5-7-43	5-7-44	5-7-45
项　目		室内混合型等电位			地网 600×600 （mm²）
		室内等电位环	室内等电位连接（网络网格宽度≤1m）	接地跨接线安装	
单　位		m	m²	套	m²
名　称	单位	消　耗　量			
人工	合计工日	工日	0.103	0.127	0.015	0.238
	一般技工	工日	0.103	0.127	0.015	0.238
材料	铜芯塑料绝缘软电线 BVR-6mm²	m	—	—	0.510	—
	纯铜箔 δ0.04	kg	—	—	—	（2.699）
	其他材料费	元	3.26	4.70	4.47	1.60
仪表	工业用真有效值万用表	台班	0.020	0.020	0.020	—
	钳形接地电阻测试仪	台班	—	—	—	0.050

主编单位：电力工程造价与定额管理总站

专业主编单位：中国电子技术标准化研究院电子工程标准定额站

参编单位：中国机房设施工程有限公司

中电系统建设工程有限公司

中国电子系统工程第二建设有限公司

太极计算机股份有限公司

中国电子科技集团公司第三研究所

中国通广电子有限公司

广州市迪士普音响科技有限公司

北京科计通电子工程有限公司

中国石油勘探开发研究院

深圳市共济科技股份有限公司

北京中宏安科技发展有限公司

天津市计算机信息系统集成行业协会

北京国金汇德工程管理有限公司

郑州春泉节能股份有限公司

公安部第一研究所

深圳世捷科技有限公司

计价依据编制审查委员会综合协商组：胡传海　王海宏　吴佐民　王中和　董士波

冯志祥　褚得成　刘中强　龚桂林　薛长立

杨廷珍　汪亚峰　蒋玉翠　汪一江

计价依据编制审查委员会专业咨询组：薛长立　蒋玉翠　杨军　张鑫　李俊

余铁明　庞宗琨

编制人员：薛长立　魏梅　周启彤　王倩　马卫华　于庆友　张利滨　李加洪

曾维坚　胡昌军　黄群骥　郑激运　陈冬　马宁　张毅　王学宁

周海涛　刘芳　丛培胜　刘东雪　张竹月　林德昌　王萧翔　周俊暘

刘建龄　付飞高　唐真　黄守峰

审查专家：李木盛　薛长立　蒋玉翠　张鑫　司继彬　张永红　俞敏

软件支持单位：成都鹏业软件股份有限公司

软件操作人员：杜彬　赖勇军　可伟　孟涛